博碩文化

打造高效能

從 網站指標 開始 →

全方位提升使用者體驗與流量的關鍵

唐心皓(Summer) —— 著

CLS

LCP

FID

❶ 具體量化使用者體驗，從使用者的角度來檢視網頁載入效能。

❷ 介紹核心網站指標(Core Web Vitals)與測量網站指標的實用工具。

❸ 了解搜尋引擎優化(SEO)與網站指標的關係，提高網頁曝光度。

❹ 以實際案例分析與探討如何優化效能、評估成本並與工作流程結合。

本書如有破損或裝訂錯誤，請寄回本公司更換

作　　者：唐心皓（Summer）
責任編輯：林楷倫

董 事 長：陳來勝
總 編 輯：陳錦輝
出　　版：博碩文化股份有限公司
地　　址：221 新北市汐止區新台五路一段 112 號 10 樓 A 棟
　　　　　電話 (02) 2696-2869　傳真 (02) 2696-2867
發　　行：博碩文化股份有限公司

郵撥帳號：17484299　戶名：博碩文化股份有限公司
博碩網站：http://www.drmaster.com.tw
讀者服務信箱：dr26962869@gmail.com
訂購服務專線：(02) 2696-2869 分機 238、519
（週一至週五 09:30 ～ 12:00；13:30 ～ 17:00）

版　　次：2021 年 12 月初版一刷
　　　　　2022年1月初版二刷

建議零售價：新台幣 600 元
I S B N：978-986-434-960-9（平裝）
律師顧問：鳴權法律事務所 陳曉鳴 律師

國家圖書館出版品預行編目資料

打造高速網站從網站指標開始：全方位提升使用者體
驗與流量的關鍵 / 唐心皓(Summer)著. -- 初版. -- 新北
市：博碩文化股份有限公司, 2021.12
　　面；　　公分
ISBN 978-986-434-960-9(平裝)

1.網際網路 2.搜尋引擎 3.網站

312.1653　　　　　　　　　　　　110019341

Printed in Taiwan

歡迎團體訂購，另有優惠，請洽服務專線
博 碩 粉 絲 團　(02) 2696-2869 分機 238、519

推薦序

天下武功，唯快不破

根據全球最大 CDN 服務廠商 Akamai 的研究調查，「當網站載入時間延遲 100 毫秒，就會損及 7% 轉換率；當網頁載入時間延遲兩秒，就會增加 103% 的跳出率」。

網站流暢的操作體驗對現代使用者來說，已經不再是加分項目而是基本配備了。誰能快速滿足使用者的需求，誰就能立足市場佔有一席之地。

相信大家都有類似經驗，好不容易開發出來的網站，開發者怎麼跑怎麼順，但到了老闆、客戶的機器上就被嫌「能不能再快一點」？那麼怎麼樣的效能、怎麼樣的載入速度才叫快，卻沒多少人能說得清楚。

在過去，由於網站瀏覽時的效能、速度難以被量化，而且在不同的設備、作業系統、瀏覽器，甚至是不同電信業者所提供的訊號強度不同都有可能成為網站執行時的效能瓶頸，而本書《打造高速網站從網站指標開始：全方位提升使用者體驗與流量的關鍵》所介紹的核心網站指標（Core Web Vitals）則為艱苦的開發者迎來了一道曙光。

Core Web Vitals 分別對網站載入速度 (LCP)、首次輸入延遲 (FID)、以及頁面穩定性 (CLS) 等項目分別進行評分，那些過去無法被量化的效能指標，如今可以透過 Google 所提供的各種工具進行實際測量，具體反應出以使用者為中心的真實體驗結果，網站的開發者們也終於有可參考的準則來進行各種項目的調整與優化。

這次有幸受到本書作者 Summer 邀請，讓我能夠提前拜讀《打造高速網站從網站指標開始：全方位提升使用者體驗與流量的關鍵》這本大作，在書裡 Summer 除了逐一針對 Web Vitals 裡的各項指標與測量工具完整地解說之外，更難能可貴的是，Summer 結合了自身實際工作經驗，在本書的後半段直接針對幾個知名網站來做案例研討，透過幾個實打實的案例，讓讀者在看完書後不會出現「道理我都懂，但我還是不會改⋯⋯」的隔靴搔癢之感。

最後，跟各位分享這本書裡我很喜歡的一句話「**流量來自於具有良好品質的網頁**」，透過工具所量化的指標終究只是數字，開發者甚至是產品經理終究需要回歸到網站以及產品服務的本質上，盡信指標，不如無指標。畢竟完美的滿分只存在於整頁空白的網頁上。

別忘了，改善跑分只是手段，提高網站的流量、轉換率並帶給使用者良好的使用體驗才是我們的真正目的。

還在為效能改善苦惱嗎？當老闆或是客戶對你說「網站怎麼這麼慢，能不能再快一點」你卻束手無策嗎？那麼這本《打造高速網站從網站指標開始：全方位提升使用者體驗與流量的關鍵》一書正是各位開發者不可或缺的一帖良藥。

Vue.js Taiwan 社群主辦人

《重新認識 Vue.js：008 天絕對看不完的 Vue.js 3 指南》作者 —— Kuro

前言

為什麼要寫這本書

一直以來我對前端技術中的兩件事情很有興趣，一是 SEO，二是效能，這兩件事在工作或實務上都剛好很重要也很不重要。幸運的是，不管是 SEO 或效能，每次出了重大問題（或說是大好機會），往往我就是那個接下這任務的工程師，尤其是去年（2020）更因為能對自家產品做效能調校而逐漸將這件事帶入開發流程，成為日常的重要環節。

在這過程中，我學習到非常多東西，不管是技術、策略、與不同角色的夥伴合作和成本評估，因此決定著手將這些點點滴滴記錄下來與大家分享。

如果你
- 想要了解怎麼優化效能，或是想要了解前端工程師怎麼優化效能。
- 想要以使用者的角度來凝聚不同角色夥伴的共識，來優化產品的效能。
- 想要評估優化產品效能的成本。

那麼這本書可以給你
- 以淺顯易懂的圖文說明如何改善效能、可重現問題和動手操作的範例程式碼，便於學習與演練。
- 以使用者的角度解釋效能、改善效能，不再讓優化效能這件事霧裡看花、改了卻沒感受到任何效果。
- 以實際的網站說明如何改善效能，便於評估自身產品的優化成本。

本書內容架構

本書主要分為五大部份。

一、使用者怎麼看待「速度快」？

大家都說「使用者體驗」很重要，那麼就來談談使用者怎麼看待「效能」這件事 —— 使用者在乎什麼、怎麼評估使用者的感知來做效能優化。

二、網站指標

將使用者的期待具體轉換成為效能改善的目標，也就是經由測量特定的指標，來確認是否朝著目標前進。

三、工具

哪些工具可以測量網站指標？除了指標資訊，還能提供什麼細節以供開發者改善網站效能？如何結合工具與工作流程來成為日常生活的一部份？

四、搜尋引擎優化（SEO）與網站指標

搜尋引擎優化（SEO）與網站指標的關係是什麼？要怎麼改善網站指標來提升網頁曝光度？

五、案例研討

在這裡準備了三個案例，希望讀者能藉由不同特性與規模的產品，來體驗如何對產品做效能優化、評估優化成本與結合至現有的工作流程。

最後，本書的範例程式碼在這裡 https://github.com/cythilya/speed-up-your-app-with-web-vitals，歡迎嘗試、動手做做看。

聯絡我

歡迎指教與討論。

- Facebook: https://www.facebook.com/cythilya
- Twitter: @cythilya
- Email: cythilya@gmail.com
- 歡迎至部落格留言 https://cythilya.github.io

感謝

特別感謝（以中文姓名筆畫排序）

- 王思驊（Jason Wang）
- 余宗翰（Steve Yu）
- 吳天貴（Alvin T Wu）
- 吳奇潭（Cheton Wu）
- 呂兆威（Frankie Lu）
- 李俊華（Jun-Hua Li）
- 周聿軒（Sean Chou）
- 曹家嘉（Malum Tsao）
- 郭政翰（Hank Kuo）
- 劉宗航（Hunter Liu）
- 歐聰志（Nicolai Ou）

感謝身邊有好多人給予協助和鼓勵，讓我能順利完成這本書！

目錄
Contents

NOTE

01
Chapter

使用者怎麼看待「速度快」？

　　使用者怎麼評估效能這件事情，也就是說，使用者怎麼看待「速度快」這件事？

　　第一個情境是這樣的，假設有兩個頁面（如圖 1-1），第一個頁面是漸進地載入內容，隨著時間過去，使用者幾乎可以定期地看到載入的內容持續增加，標記的百分比是模擬載入的進度和經過的時間，時間是從開始載入 0 秒到載入完成 4 秒為止；第二個頁面是持續讓使用者看到載入的圖示，而在最後一刻一下子把全部內容都載入完成。

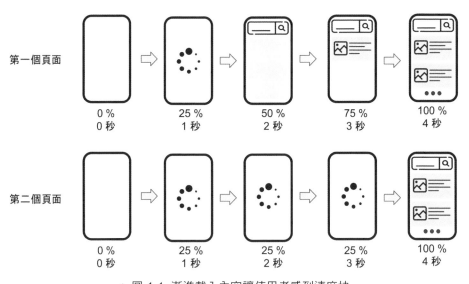

▲ 圖 1-1 漸進載入內容讓使用者感到速度快

　　對使用者來說，雖然第一個頁面和第二個頁面所花的時間是相同的，但是感覺上第一個頁面比較快。

　　第二個情境是，雖然頁面內容很快載入、使用者很快可以看到完整畫面，但是過了很久之後使用者才能互動（例如：輸入文字），這樣的狀況對使用者來說是很慢的 (如圖 1-2)。

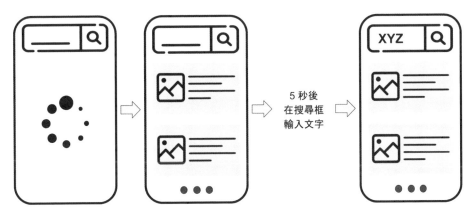

5 秒後
在搜尋框
輸入文字

▲ 圖 1-2　看到畫面卻不能互動是速度慢

　　在接下來的篇章中，我們會以使用者的角度來嘗試優化網站，開始優化網站效能的奇幻旅程吧！

▎本章回顧

　　使用者對於效能的感知與事實無關，快速看到畫面與互動、定期給予回饋能讓網站體驗更好。

NOTE

02
Chapter

RAIL

第一章提到的「速度慢」的兩個情境，我們該怎麼以使用者的角度來衡量效能呢？也就是說，我們要檢視什麼？要拿什麼東西做評估？

‖ RAIL

Google 所提出的 RAIL 是一個從使用者的角度來衡量效能的模型。這個模型將使用者體驗網頁的過程與網頁的生命週期分為四種類型 —— Response、Animation、Idle 和 Load（如表 2-1），使用者針對不同類型皆有不同的期待，因此對於改善效能的目標即是依據使用者對於這些類型所能接受的延遲時間來定義的。

表 2-1 RAIL

#	全名	定義	最大延遲時間
R	Response	瀏覽器收到使用者與網頁互動後給予反應的時間	100 ms
A	Animation	動畫渲染頻率	每幀的渲染頻率為 60 fps，每幀可渲染的時間大約是 10 ~ 12 ms
I	Idle	任務間讓瀏覽器主執行緒能有 50 ms 的空閒時間，或每個任務的執行時間不超過 50 ms	50 ms
L	Load	網頁載入所需時間並可與之互動	1 秒

‖ Response

瀏覽器收到使用者與網頁互動後給予反應的時間，最多是 100 ms。

由於使用者對於與介面互動得到回應的最大容忍時間是 100 ms，而當瀏覽器收到使用者的互動時，手邊可能還有其他的工作正在進行，待原先工作完成後再來處理使用者的輸入，因此兩個任務的時間都不要超過 50 ms，就能讓瀏覽器處理完上個任務、接續處理妥當使用者的輸入，能夠在 100 ms 內給予反應（如圖 2-1）。在後面的篇章會提到，佔用瀏覽器主執行緒超過 50 ms 的任務，可能會有效能問題，必須優化。

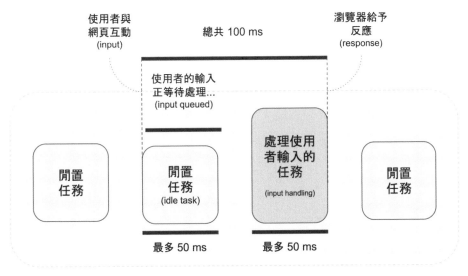

▲ 圖 2-1　任務儘量不超過 50 ms 以避免效能問題

Animation

　　使用者對於動畫是否順暢的覺察力是敏銳的，因此每幀的渲染頻率為 60 fps 在人眼看來是流暢的，雖然算起來可以有 16 ms 做渲染，但實際上，由於瀏覽器有很多工作要做，因此每幀可渲染的時間大約是 10 ~ 12 ms，最好是在 10 ms 以內完成。

Idle

　　如前面「Response」所提到的，假設使用者對於與介面互動得到反應的最大容忍時間是 100 ms，而當瀏覽器收到使用者的互動時，手邊可能還有其他的工作正在進行，待原先工作完成後再來處理使用者的輸入，因此兩個任務的時間都不要超過 50 ms，就能讓瀏覽器處理完上個任務、接續妥當處理使用者的輸入，能夠在 100 ms 內給予反應。也因為這個緣故，若要盡量讓瀏覽器保持空閒的狀態，以期望瀏覽器在使用者輸入時能在 50 ms 內給予反應，那麼至少需給 50 ms 的空閒時間。

Load

　　頁面載入至顯示完整畫面最多花 1 秒，在這裡是指首次顯示內容（first contentful paint）的時間，關於首次顯示內容的相關資訊可參考第 6 章。以效能佳的桌機搭配快速的 Wi-Fi 來說，會期望在 1 秒內讓畫面完成渲染並可讓使用者與之互動；而以行動裝置搭配 3G 網路來說，則是期望在 5 秒內讓畫面完成渲染並可讓使用者與之互動。但不要求所有資源都必須在限制時間內完成載入，技巧性地使用延遲載入（lazy-loading）圖片或切割檔案大小並延遲載入非關鍵資源等優化方式都是好的解法。

範例

舉例來說，使用者點擊按鈕後會是如圖 2-2 這樣的狀況。

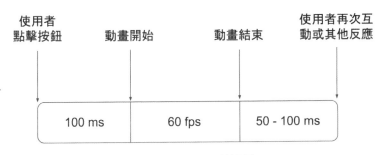

▲ 圖 2-2 RAIL 的範例

- 使用者點擊按鈕後，期望得到回饋，這個回饋可能是開始某個動畫。從點擊到動畫開始，最多讓使用者等待 100 ms。也就是說，從使用者點擊按鈕到動畫開始，最多等待 100 ms。
- 動畫從開始到結束，維持很順暢的更新頻率 60 fps。
- 動畫結束後，可能是：
  （1）進入 idle 狀態待使用者下一次的互動（空閒 50 ms）。
  （2）再次接受使用者的互動而給予回饋（例如：再次接受使用者點擊按鈕，然後開始某個動畫，這段反應時間最多等待 100 ms）。

以上任何操作，若等待超過 1 秒，使用者將無法專注在本次操作上；若超過 10 秒，將失去耐心而可能離開這個網站。

注意，使用者對效能的期待會根據網路狀態和硬體設備而不同，例如：若使用性能佳的桌機搭配快速的 Wi-Fi，則使用者會預期 1 秒內可看到網頁的畫面並可與之互動；但若使用行動裝置並搭配 3G 網路，則等待 5 秒也是能接受的。

本章回顧

RAIL 是一個以使用者的角度來檢視網頁效能的方式，了解使用者的期待以設定正確的優化網站的目標。

- R：在 100 ms 以內回應使用者的輸入。
- A：動畫每幀在 10 ms 內渲染完成。
- I：讓瀏覽器主執行緒能有 50 ms 的空閒時間，以期能快速回應使用者的輸入。
- L：在 1 秒內載入畫面並可與之互動。

RAIL 讓我們了解使用者對於網頁整個體驗過程所抱持的期待，而這些期待就成為效能改善的目標。因此，在接下來的篇章中，我們會設法經由更細膩的指標與工具來協助達成這些目標。

03
Chapter

網站指標
（Web Vitals）

由第 2 章所提到的 RAIL 模型可知，使用者對於與網頁互動過程的體驗抱持著期待，而這些期待成為效能改善的目標。因此，接下來我們來看怎麼從使用者的角度來衡量這些期待，也就是測量特定的指標，經由這些指標來協助達成目標。

關於測量使用者對於效能感知的指標，分為以下幾類：

- 載入速度（load speed）：衡量網頁載入後多快能看到畫面。
- 載入互動性（load responsiveness）：衡量網頁載入後多快可進行操作。
- 執行互動性（runtime responsiveness）：衡量網頁在執行期間多快可回應使用者互動。
- 視覺穩定性（visual stability）：衡量網頁元件出現不預期位移的頻率。
- 視覺流暢性（visual smoothness）：衡量網頁在視覺上能多快呈現在使用者面前。

網站指標目前主要衡量四個面向 —— 載入速度、載入互動性和視覺穩定性與流暢性，而不包含執行互動性（註 1）。

核心網站指標（Core Web Vitals）

網站指標中最核心的部份稱為「核心網站指標（core web vitals，簡稱 CWV）」，稱為「核心」的原因是：

- 可適用於所有類型的網頁而被測量，並且所有的 Google 的工具都能做檢視。

- 能具體代表使用者體驗的一個面向。
- 能被實際測量而非模擬測量，具體反應以使用者為中心的真實體驗結果。

CWV 目前著重在四個方面 —— 載入速度、載入互動性和視覺穩定性與流暢性，以下一一說明。

載入速度（Load Speed）

「載入速度」（load speed）是指網頁初次載入時，針對特定目標所花的時間，目標可為第一個可見元素或最大面積元素。關於這方面的指標有「最大內容繪製」（largest contentful paint）與「首次顯示內容」（first contentful paint），分別表示使用者在網頁載入階段能見到的最大面積元素與第一個可見元素所花的時間。

首次顯示內容（First Contentful Paint）

首次顯示內容（first contentful paint，簡稱 FCP）是指測量網頁載入時使用者可在螢幕上看到第一個可見元素所花的時間，「可見元素」可以是任何的文字、圖檔或非白色的背景色。FCP 確保使用者不是空等。

最大內容繪製（Largest Contentful Paint）

最大內容繪製（largest contentful paint，簡稱 LCP）是指測量網頁載入時使用者可在螢幕上看到最大面積元素所花的時間。由於通常面積最大的元素即是該頁面的主要內容，因此能讓使用者確認該頁的資訊對他們是否有用。

▌載入互動性（Load Responsiveness）

　　「載入互動性」是指使用者能與網頁互動所花的時間，關於這方面的指標有首次輸入延遲（first input delay）、互動準備時間（time to interactive）與總阻塞時間（total blocking time），主要是在說明瀏覽器最快能反應使用者的互動所需的時間。

首次輸入延遲（First Input Delay）

　　首次輸入延遲（first input delay，簡稱 FID）是指測量網頁載入後使用者第一次與網頁互動直到瀏覽器有空回應的時間，這是由於瀏覽器在載入資源後仍需做處理，因此處於忙碌狀態；此時使用者若與網頁互動，例如：點擊某個按鈕或連結、在搜尋框輸入字串，可能需要等待一段時間後才能得到回應。

互動準備時間（Time to Interactive）

　　互動準備時間（time to interactive，簡稱 TTI）是指測量網頁載入、在長時間的任務結束後，使用者可與瀏覽器互動並給予回應的延遲時間，此時間點是在主執行緒完成長時間任務後空閒 (idle) 五秒以上的時間點。其中，這五秒以上的時間稱為靜窗（quiet window）。

總阻塞時間（Total Blocking Time）

　　總阻塞時間（total blocking time，簡稱 TBT）是指測量網頁載入後，主執行緒被長時間任務阻塞的總時間（註 2）。

　　由於 FID 需要真實的使用者與瀏覽器互動才能取得該資訊，因此在開發階段或重現使用者的情境時的模擬環境中，只能使用 TBT 與 TTI 作為代理指標（proxy metrics）來診斷潛在的互動性問題，藉由改善 TBT 與 TTI 進而改善 FID。

視覺穩定性（**Stability**）與流暢性（**Smoothness**）

　　「視覺的穩定性與流暢性」是指使用者是否能愉悅的瀏覽與操作網頁，關於這方面的指標有累計版位配置位移（cumulative layout shift，簡稱 CLS）與速度指數（speed index，簡稱 SI）。

累計版位配置位移（Cumulative Layout Shift）

　　累計版位配置位移（cumulative layout shift，簡稱 CLS）是指測量在網頁存活期間，每個可見元素移動位置的分數總和。

速度指數（Speed Index）

　　速度指數（speed index，簡稱 SI）是用來衡量網頁載入期間，內容在視覺上有多快能呈現在使用者面前，簡言之即是視覺上的「流暢性」。SI 的產生方式是利用瀏覽器的工具來錄製影片，針對每幀（frame）所載入的畫面來計算視覺呈現上進度完成的過程來做計算，最後再利用 Speedline Node.js 模組來產生 SI 的分數，分數愈低表示愈流暢、使用者感受時間的流速愈快。

如何評估網站指標

評估網站指標的方式，分為模擬（lab）測量與實地（field）測量兩種，以下分別說明。

模擬測量（Lab）

利用模擬而非實際使用者操作網頁而得到的資料，通常在開發期間或定期經由自動化工具監測與評估效能，而能在這個階段找出效能問題來做改善，是可重現、可控制的環境。

CWV 必須經由真實使用者操作而得到，因此在模擬測量時是無法衡量的，只能利用近似的代理指標來模擬測量。例如：由於無法取得 FID 而只能經由改善 TBT 進而改善 FID。TBT 是測量在 FCP 和 TTI 之間，主執行緒被長時間任務佔據的時間，也就是說，任務佔據主執行緒的時間愈長，FID 愈長。因此，改善模擬環境的 TBT 也就能改善真實環境中的 FID。

實地測量（Field）

測量實際使用者操作網頁而得到的資料，可用於在產品上線後觀察使用者實際操作的狀況而發掘效能問題，或是驗證已解決的問題。實地環境是無法重現、不可控制的環境。

利用模擬測量的指標逼近實地測量的指標

先前提到在模擬測量時是無法衡量 CWV 的，因此若想在開發期間或定期經由自動化工具監測與評估效能，則只能利用近似的模擬測量指標來做猜測（如表 3-1）。

表 3-1 CWV 與其代理指標

CWV	代理指標
LCP	FCP 與 TTFB（註 3）
FID	TBT 與 TTI
CLS	無

網站指標可測試的環境

以下整理各個網站指標與其可測試的環境（如表 3-2）。

表 3-2 網站指標與其可測試的環境

#	模擬測量	實地測量
FCP	v	v
LCP *	v	v
FID *	x	v
TTI	v	x
TBT	v	x
CLS *	v	v
SI	v	v

註：* 表示為 CWV

對於上述每個網站指標，為確保大多數使用者都能達到建議的目標，電腦與行動裝置的網頁載入量的第 75 個百分位是一個很好的衡量標準。因此，評估網站指標的工具判斷該網頁過關的標準，即是第 75 個百分位通過良好門檻。注意，由於行動裝置可能會受限於硬體和網路設備的狀況，因此使用者的容忍程度會變高，評估過關的標準也會較為寬鬆。

本章回顧

整理指標說明如圖 3-1。

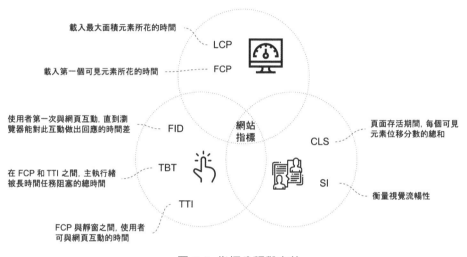

▲ 圖 3-1 指標分類與定義

- 關於載入速度可使用 FCP、LCP 指標來做測量，其中 FCP 與 LCP 為實地指標，並且 LCP 是核心指標。
- 關於載入互動性可使用 FID、TBT、TTI 指標來做測量，其中 FID 為實地指標、TBT 與 TTI 為模擬指標，並且 FID 是核心指標。
- 關於視覺穩定性與流暢性可使用 CLS、SI 指標來做測量，其中 CLS、SI 為實地指標，並且 CLS 是核心指標。

註 1：由於目前網站指標主要探討的是載入效能相關議題，並不包含執行互動性，因此若想檢視執行互動性，可使用 ChromeDev Tools 的 Performance 頁籤、JavaScript Profiler、Layers、Rendering 等工具來做檢測。

註 2：長時間的任務是指執行時間超過 50 ms 的任務。

註 3：首位元組時間（time to first byte，簡稱 TTFB），是指瀏覽器收到伺服器回應的第一個位元組（byte）的等待時間，意即測量客戶端與伺服器端所需的溝通的時間，通常用於衡量伺服器的回應時間。愈快的 TTFB 就能有愈好的 FCP 與 LCP。若要改善 TTFB 可從優化伺服器效能、使用 CDN 來引導使用者至最近的伺服器取得資源、快取與儘早與第三方網域建立連線等方向著手。

NOTE

工具

　　網站指標可協助開發者了解以使用者的角度來看目前網站的效能狀況，與幫助開發者能更容易診斷、快速修正與驗證問題，因此選擇能測量網站指標的工具是很重要的。

▎模擬測量與實地測量

　　評估網站指標的方式，分為模擬（lab）測量與實地（field）測量兩種：

- 模擬測量可以提供使用者可能怎麼使用這個網站與其體驗狀況，並提供可重現的結果來做除錯和修正後的驗證，這樣的監測稱為合成監控（synthetic monitoring，簡稱 STM）或主動監控（active monitoring）。

- 實地測量提供真實世界的使用者體驗此網站的觀察，能給予更多不同面向的解讀，例如：就算是經過精心優化過的網站，若多數使用者是經由較差的網路設備或裝置瀏覽，那麼也會被評定為效能差的。因此，「速度快」與否不見得與網站優化程度有關，有時也和多數使用者的狀況有關。或是，可在產品上線後檢視使用者實際操作的狀況而發掘效能問題，或是驗證已解決的問題。這樣的監測稱為真實用戶監控（real user monitoring，簡稱 RUM）或被動監控（passive monitoring）。

　　不管是模擬或實地測量都可提供不同面向的資料以供優化時的評估和檢測。

合成監控與真實用戶監控

合成監控與真實用戶監控的比較，如表 4-1 所示。

表 4-1　合成監控與真實用戶監控

#	合成監控	真實用戶監控
積極性	主動	被動
監控方式	模擬使用者的行為來測試網站的效能	監控真正使用者的操作並蒐集與分析資料
目的	診斷與解決短期問題	了解長期走向
優點	• 測試單純，能定期追蹤比較 • 可指定特定時間環境 • 可用於非正式環境	• 全方位監測 • 能找出真實的困境
缺點	• 並非真實狀況 • 只能預測固定的測試情境而難以發覺未知問題	• 需要流量 • 缺乏測試基準 • 只能用於正式環境
對象	技術人員	管理者
擬真度	假	真
產品	Lighthouse	CrUX

以下來一一說明目前有哪些工具能追蹤網站指標與其使用方式。

Lighthouse

Lighthouse 是一個用於改善網頁品質的自動化的工具，它可以檢測以下項目：

- 效能（performance）
- 可及性（accessibility）
- 漸進式網頁應用程式（PWA）
- 最佳作法（best practices）
- 搜尋引擎最佳化（SEO）

它的功能很多，在這裡主要來看效能的部份。效能檢測的方式是給定一個網址來做檢測，檢測完畢後會產出一份報告。

Lighthouse 的優點在於：

- 檢測完畢後可產出人機皆可閱讀的報告，這份報告提供有建設性的優化方案與改善後的預期效果，以供開發者檢視與找出效益最大的問題來做改進。

- 能模擬各種環境因素來做檢測，例如：桌機與行動裝置、網路狀況等。

- 可使用 Lighthouse CI 整合開發流程，讓開發者在部署到正式環境前，輕鬆地做好效能測試，這在開發階段對於系統整合、發掘潛在問題、定期追蹤健康程度上是很有幫助的。

因此 Lighthouse 對於想要持續改進網站的開發人員來説，是很有用的工具。

使用 Lighthouse 有以下三種方法 —— Chrome DevTools 中的「Lighthouse 頁籤」、「Lighthouse Node CLI」和「web.dev 網站」，以下一一說明。

Chrome DevTools 中的 Lighthouse 頁籤

在想要測試的頁面打開 Chrome DevTools 中的 Lighthouse 頁籤，勾選右側想要測試的類別與平台類型，再點擊「Generate report」（如圖 4-1）。

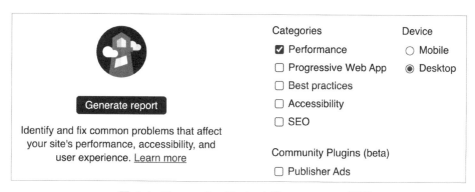

▲ 圖 4-1 Chrome DevTools 中的 Lighthouse 頁籤

稍等一段時間測試完畢後，即可得到完整的測試報告，這裡以測試效能為主，報告可下載為 HTML 或 JSON 格式以供人機閱讀。

報告分為六個區塊 —— 效能分數（performance score）、指標（metrics）、機會（opportunities）、診斷（diagnostics）、已通過的檢視項目（passed audits）與環境設定（runtime settings）。

- 效能分數：此分數是經由 Lighthouse 模擬測量後，將各指標的結果依據不同的權重所計算出來的。

- 指標：測量網頁指標的結果，會根據評估標準來標記良好（綠色圓型記號）、待改善（橘色方形記號）或差（紅色三角形記號）。

- 機會：給予能直接優化並立即可看到成效的建議，與估計改善後能提升的效果。

- 診斷：影響效能的潛在問題，改善這些建議並不會直接影響檢測分數。

- 已通過的檢視項目：測試合格的項目。

- 環境設定：模擬環境的狀態，例如：平台（桌機或行動裝置）、網路狀況等。

對照如圖 4-2。

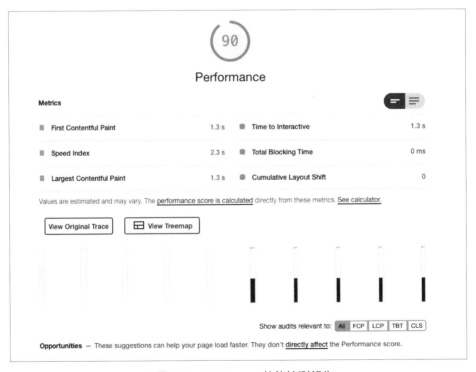

▲ 圖 4-2　Lighthouse 效能檢測報告

Opportunity		Estimated Savings
▲ Reduce initial server response time	▬▬▬▬	0.93 s ∨
▨ Eliminate render-blocking resources	▨▨▨▨	0.6 s ∨
▨ Reduce unused JavaScript	▨▨	0.28 s ∨

Diagnostics — More information about the performance of your application. These numbers don't <u>directly affect</u> the Performance score.

▲ Image elements do not have explicit `width` and `height`	∨
▲ Avoid an excessive DOM size — 1,547 elements	∨
▨ Serve static assets with an efficient cache policy — 6 resources found	∨
◉ Avoid chaining critical requests — 4 chains found	∨
◉ Keep request counts low and transfer sizes small — 39 requests • 667 KiB	∨
◉ Largest Contentful Paint element — 1 element found	∨
◉ Avoid large layout shifts — 3 elements found	∨
◉ Avoid long main-thread tasks — 2 long tasks found	∨

Passed audits (26)   ∨

Runtime Settings

URL	https://github.com/cythilya
Fetch Time	Nov 9, 2021, 8:55 PM GMT+8
Device	Emulated Desktop
Network throttling	40 ms TCP RTT, 10,240 Kbps throughput (Simulated)
CPU throttling	1x slowdown (Simulated)
Channel	devtools
User agent (host)	Mozilla/5.0 (Macintosh; Intel Mac OS X 10_15_7) AppleWebKit/537.36 (KHTML, like Gecko) Chrome/93.0.4577.82 Safari/537.36
User agent (network)	Mozilla/5.0 (Macintosh; Intel Mac OS X 10_14_6) AppleWebKit/537.36 (KHTML, like Gecko) Chrome/90.0.4420.0 Safari/537.36 Chrome-Lighthouse
CPU/Memory Power	1310

Generated by **Lighthouse** 8.1.0 | File an issue

▲ 圖 4-2　Lighthouse 效能檢測報告（續）

使用 Chrome DevTools 中 Lighthouse 頁籤的好處是介面簡單好用，不需要做特別的設定即可快速上手；限制是無法結合工作流程或其他工具，在此狀況下可改用 Lighthouse Node CLI。

Lighthouse Node CLI

使用 yarn 或 npm 安裝 Lighthouse，可選擇全域安裝或安裝在該專案底下。

```
yarn add lighthouse
```

安裝完成後，輸入指令後加上要檢測的網址即可。

```
lighthouse <URL>
```

稍等一段時間測試完畢後，即可得到完整的報告。若想指定模擬測試的平台、網路狀況或檢測的項目，則指令後加上參數即可，如下，希望不打開瀏覽器（headless mode）且只檢測效能的部份。

```
lighthouse <URL> --preset="perf" --chrome-flags="--headless"
```

若想要結合工作流程或其他工具，使用 Lighthouse Node CLI 是個很好的選擇。

💣 **Tips**

若想測試需操作一連串動作才會到達的頁面，則必須結合端對端測試（end-to-end testing）工具，例如：Puppeteer、WebdriverIO 和 Nightwatch，來協助完成效能檢測。

---

web.dev 網站

在 web.dev 網站 https://web.dev/measure/ 輸入目標網址即可檢測
（如圖 4-3）。

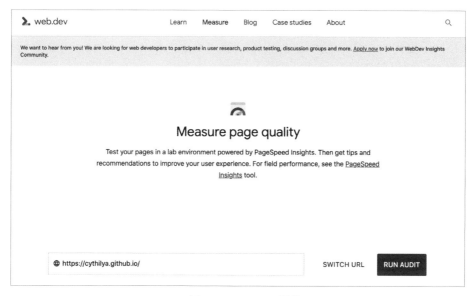

▲ 圖 4-3 web.dev 網站

PageSpeed Insights（PSI）

PageSpeed Insights（簡稱 PSI）是網站速度檢測的工具，有網頁版和提供 API 做串接。效能檢測的方式是給定一個網址來做檢測，檢測完畢後會產出一份報告，提供其桌機與行動裝置的效能狀況與如何改善的建議。

PSI 的優勢在於：

- 檢測完畢後會產出一份人機皆可閱讀的報告，這份報告可以提供有建設性的優化方案與改善後的預期結果，以供開發者檢視與找出效益最大的問題來做改進。

- PSI 同時提供實地與模擬測量的資料，有助於在開發階段除錯或了解線上產品的潛在問題。
  - ▸ 模擬測量的資訊由 Lighthouse 所提供，因此同樣能模擬各種環境因素來做檢測，例如：桌機與行動裝置、網路狀況等。
  - ▸ 實地測量的資訊由 CrUX 所提供，有助於管理人員了解長期網站走向與趨勢。

- 使用 PSI API 可與開發流程整合，讓開發者在部署到正式環境前做好效能測試，這在開發階段對於系統整合、發掘潛在問題、定期追蹤健康程度上是很有幫助的。

因此 PSI 對於想要持續改進網站的開發人員或長期監測網站走向的管理人員來說，是很有用的工具。

使用 PageSpeed Insights 有以下兩種方法「PageSpeed Insights 網頁版」和「PageSpeed Insights API」，以下一一說明。

PageSpeed Insights 網頁版

進入網頁（如圖 4-4）https://developers.google.com/speed/pagespeed/insights/ 輸入網址並按下「分析」按鈕，稍等一段時間待測試完畢後，即可得到完整的測試報告。

▲ 圖 4-4 PageSpeed Insights 網站

報告分為八個區塊（如圖 4-5）—— 效能分數（performance score）、欄位資料（field data）、來源摘要（origin summary）、研究資料、診斷（diagnostics）、最佳化建議、已通過的檢視項目（passed audits）和測試時間與環境。最左側頁籤可切換行動版或電腦版，預設是行動版。

- 效能分數：位於最上方的效能分數是經由 Lighthouse 模擬測量後，將各指標的結果依據不同的權重計算出來。大於或等於 90 表示優良、介於 50 ～ 90 表示待改進、小於 50 表示差。

- 欄位資料：針對熱門的網頁會提供經由實地測量而得到的指標資訊，資料由 CrUX 提供，CrUX 提供過去 28 天實地測量桌機與行動裝置的統計資訊，並使用藍緞帶標記 CWV 通過與否。分佈圖可協助了解有多少瀏覽數座落在優良、待改進和差的區段，預期第 75 百分位是位於優良的區段才算通過。注意，CrUX 的資料來源是 BigQuery（註 1），開發者可經由 BigQuery 取得更多資訊並實作客製化的報表系統。

- 來源摘要：這裡的實地測量的資訊同樣也是由 CrUX 所提供，是以域名（origin）而非單一網址為單位。

- 研究資料：Lighthouse 提供模擬環境測試所得指標的測量結果。

- 診斷：Lighthouse 提供模擬環境測試下所得到的影響效能的潛在問題，改善這些建議並不會直接影響效能檢測的分數。

- 最佳化建議：Lighthouse 提供模擬環境測試後，給予能直接優化並立即可看到成效的建議，與估計改善後能提升的效果。

- 通過稽核項目：測試合格的項目。

- 測試時間與環境：Lighthouse 與瀏覽器版本。

▲ 圖 4-5 PageSpeed Insights 報告

最佳化建議 — 這些建議有助於提升網頁載入速度，但不會直接影響「效能」分數。

最佳化建議	預估減少量
▲ 減少無用的 JavaScript	1.58 s ⌄
▦ 減少無用的 CSS	0.36 s ⌄
▦ 提供 next-gen 格式的圖片	0.16 s ⌄

診斷 — 進一步瞭解應用程式的效能。這些數字不會直接影響「效能」分數。

▲ 確認載入網站字型時文字不會消失 ⌄

▲ 降低第三方程式碼的影響 — 第三方程式碼將主要執行緒封鎖了 3,040 毫秒 ⌄

▲ 避免使用 `document.write()` ⌄

▲ 圖片元素沒有明確的`width`和`height` ⌄

▲ 將主要執行緒的工作降到最低 — 14.5 秒 ⌄

▲ 運用有效的快取政策提供靜態資產 — 找到 197 項資源 ⌄

▲ 減少 JavaScript 執行時間 — 6.9 秒 ⌄

▲ 避免耗用大量網路資源 — 總大小為 4,318 KiB ⌄

▦ 避免 DOM 過大 — 1,223 個元素 ⌄

○ 避免鏈結關鍵要求 — 找到 45 個鏈結 ⌄

○ User Timing 標記和測量結果 — 5 個 User Timing 標記 ⌄

○ 降低要求數量並減少傳輸大小 — 940 個要求 · 4,318 KiB ⌄

○ 最大內容繪製元素 — 找到 1 個元素 ⌄

○ 避免大量版面配置轉移 — 找到 2 個元素 ⌄

○ 避免長時間在主要執行緒上執行的工作 — 找到 20 項長時間執行的工作 ⌄

○ 避免使用非合成的動畫 — 找到 42 個動畫元素 ⌄

通過稽核項目 (19) ⌄

效能分數是根據 Lighthouse 分析的研究資料計算得出。
分析時間：11/9/2021, 9:10:41 PM
在 Chrome 92.0.4515.119 中透過 Lighthouse 8.4.0 執行

▲ 圖 4-5　PageSpeed Insights 報告（續）

除了使用現成的工具 PSI 網站外，也可以經由 PSI API 或 psi Node Package 取得前面所提到 PSI 網頁版所有的資料，若想要結合工作流程、自動化工具、製作 RUM 系統以客製化處理或定期、長期監測與記錄，PSI API 與 psi Node Package 可作為其完美的解決方案。

PageSpeed Insights API

官網可試用 PSI API 的 runpagespeed 來取得特定網址的資訊，在這裡設定 PSI API 來根據選填的選項以得到相對應的回應，例如：分類（category）表示選擇效能、可及性、PWA 或 SEO；策略（strategy）表示選擇桌機或行動裝置，預設是桌機。

例如，選擇分類為 SEO，即可得到 Lighthouse 在此分類下的檢測結果。片段回傳結果如下程式碼所示，onlyCategories 表示所選分類，在此是 SEO；audits 則提供可改善的建議，例如：應調整 robots.txt 的格式、圖檔應設定 alt 屬性以表示其意義等。

```
"lighthouseResult": {
  "configSettings": {
    "onlyCategories": [
      "seo"
    ]
  },
  "audits": {
    "robots-txt": {
      "id": "robots-txt",
      "title": "robots.txt is valid",
      "description": "If your robots.txt file is malformed, crawlers may
```

```
not be able to understand how you want your website to be crawled or
indexed. [Learn more](https://web.dev/robots-txt/).",
      "score": 1
    }
  },
  "image-alt": {
    "id": "image-alt",
    "title": "Image elements have `[alt]` attributes",
    "description": "Informative elements should aim for short,
descriptive alternate text. Decorative elements can be ignored with an
empty alt attribute. [Learn more](https://web.dev/image-alt/).",
      "score": null
  }
}
```

實作簡單的範例如下。

第一步，設定目標網址、策略為行動裝置「mobile」、分類不設定
（即預設是效能）。在這裡會組合 PSI API 與查詢字串（query string）。

```
const setUpQuery = () => {
  const api = 'https://www.googleapis.com/pagespeedonline/v5/runPagespeed';
  const parameters = {
    strategy: 'mobile',
    url: encodeURIComponent('https://cythilya.github.io'),
  };
  const queries = Object.keys(parameters)
    .map((key) => [key, parameters[key]].join('='))
    .join('&');
```

```
  return `${api}?${queries}`;
};
```

第二步，根據先前組好的網址取得資訊，並顯示在畫面上，完整範
例請見（註 3）。

```
const run = () => {
  const url = setUpQuery();

  fetch(url)
    .then((response) => response.json())
    .then((json) => {
      // 顯示標題
      showInitialContent(json.id);

      // 顯示 CrUX 的資訊
      showCruxContent(getCruxMetrics(json));

      // 顯示 Lighthouse 的資訊
      showLighthouseContent(getLighthouseMetrics(json));
    });
};
```

即可得到資訊如圖 4-6。

▲ 圖 4-6 結合 PageSpeed Insights API 實作簡單的範例

psi Node Package

psi 是一個 Node 套件，可在 Node 環境中執行 PSI，以便整合至自動化工具中，在提交程式碼或打包前做效能測試。

撰寫測試腳本如下，指定網址後，設定要傳入給 psi 的參數，開始跑 psi 並產出報告。

```
const psi = require('psi');

(async () => {
  const { data } = await psi('https://www.strava.com/athletes/38905073');
  console.log('Speed Score:', data.lighthouseResult.categories.
                                        performance.score * 100);
  await psi.output(TARGET_URL);
})();
```

檢測完畢、收到結果後即可得到資訊如圖 4-7。

```
Speed Score: 21

----------------------------------------------------------------

Summary

URL:           strava.com/athletes/38905073
Strategy:      mobile
Performance:   23

Field Data

Cumulative Layout Shift (CLS)          | 5ms
First Contentful Paint (FCP)           | 2.7s
First Input Delay (FID)                | 85ms
Largest Contentful Paint (LCP)         | 3.5s

Lab Data

Cumulative Layout Shift                | 0.803
First Contentful Paint                 | 3.4s
Largest Contentful Paint               | 10.3s
Speed Index                            | 6.9s
Time to Interactive                    | 11.4s
Total Blocking Time                    | 950ms

Opportunities

Defer offscreen images                 | 150ms
Eliminate render-blocking resources    | 2.3s
Initial server response time was short | 326ms
Minify JavaScript                      | 750ms
Remove duplicate modules in JavaScript bundles| 50ms
Remove unused CSS                      | 300ms
Remove unused JavaScript               | 2.5s
Serve images in next-gen formats       | 150ms

----------------------------------------------------------------
```

▲ 圖 4-7 結合 psi Node Package 實作簡單的範例

Chrome DevTools Performance Timeline

Chrome DevTools 是瀏覽器 Chrome 開發者工具的集合，其中 Chrome DevTools 中的效能（performance）頁籤，能提供網頁載入或執行期間詳細的資訊，以供更深入的研究。在 Chrome DevTools 的效能頁籤將「Web Vitals」的核取方塊打勾，即可追蹤網站指標的相關資訊。

　　例如，經由 Lighthouse 檢測發現特定網頁的 CLS 不佳，雖然在其診斷區塊已說明哪些 DOM 元素對於頁面的 CLS 影響最大，但開發者可能會想知道更多詳細資訊，像是這個元素位於網頁的哪個位置、移動的時間點等，因此可利用 Chrome DevTools Performance Timeline 錄製歷程並點選標記「Layout Shift」的區塊，即可看到是畫面的哪一個元素與其詳細資訊（如圖 4-8）。

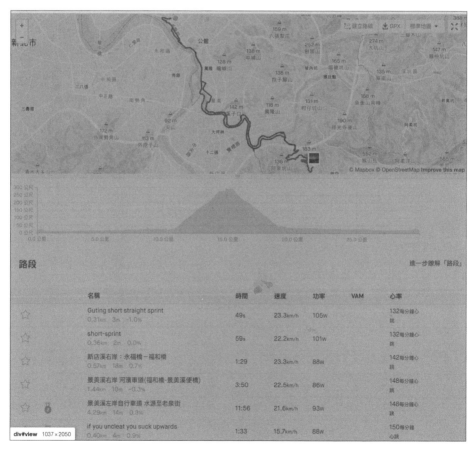

▲ 圖 4-8 從 Chrome DevTools Performance Timeline 查看元素位移資訊（左）

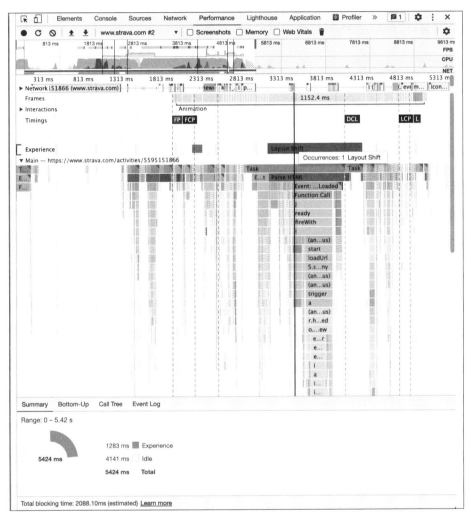

▲ 圖 4-8 從 Chrome DevTools Performance Timeline 查看元素位移資訊（右）

Search Console

Search Console 是 Google 提供網站開發者監控與維護網站搜尋引擎優化方面的工具，它的功能很多，主要有：

- 檢視 Google 是否能正確檢索網站、提示檢索問題並在修復後重新提交、驗證。
- 提供網頁搜尋流量、點閱率、關鍵字排名等搜尋相關資料。
- 提供哪些網頁連結至此網站的資訊。

因此 Search Console 對於想要操作與實作搜尋引擎優化的開發人員或管理者來說，是很有用的工具。

▲ 圖 4-9 Search Console 核心網站指標報告

由於 Search Console 可協助了解網站中哪些問題需要被關注（如圖 4-9），其中包含 CWV 的檢測，會將網頁分為良好、待改進、差三種，並標記對應種類的網頁數量、問題、是否修正完畢與驗證狀態。一但確定特定類型的網頁有 CWV 的問題時，Search Console 會通知開發者以著手解決相關問題。

Search Console 可協助開發人員或管理者初步確認網站的問題，之後再經由 PSI、Lighthouse 等工具做調整即可。

🧨 **Tips**

由於 CrUX 蒐集的資料是有流量門檻的，意即若未到流量門檻則不會被蒐集進去，那麼在 PSI 等這些由 CrUX 所提供資料的工具上就看不到這些網站的指標資訊，解法有兩種：

- 第一，自己用 web-vitals 等 JavaScript 函式庫來實作 RUM 系統。
- 第二，使用 Firebase Performance 記錄和分析。

開發者可根據自身專案需求來選擇最適當的方案。另外，雖然在 PSI 上無法顯示此類資訊，但可能因為有核心網站指標上需要關注的問題而出現於 Search Console 核心網站指標報告。

‖ Chrome User Experience Report (CrUX)

Chrome User Experience Report（CrUX）是蒐集瀏覽器 Chrome 使用者自願分享的瀏覽紀錄而統計得來的指標資訊，並將這些資料提供給 PSI、Search Console 等工具。

CrUX 提供過去 28 天實地測量桌機與行動裝置的資訊，若對於 CrUX 每 28 天更新的週期感到過長，建議使用 JavaScript 函式庫 (例如：web-vitals 與 Perfume.js) 結合 RUM 系統以蒐集資料。因為 Google 對於 CrUX 的產品定義來說，CrUX 是很高階的，用於觀測產品長遠目標與制定計劃，而非用來除錯與驗證，而若想要驗證問題是否被解決，可以到 Search Console 來做確認。

CrUX API

CrUX 提 供 API https://chromeuxreport.googleapis.com/v1/records:queryRecord 來取得近 28 天的資訊，代入 API Key 與目標網址以取得相關資料，CrUX API 有助於結合工作流程、自動化工具、製作監控系統以客製化處理或定期、長期監測與記錄（ 如圖 4-10）。完整範例請見 https://codepen.io/cythilya/pen/ZEeaydQ。

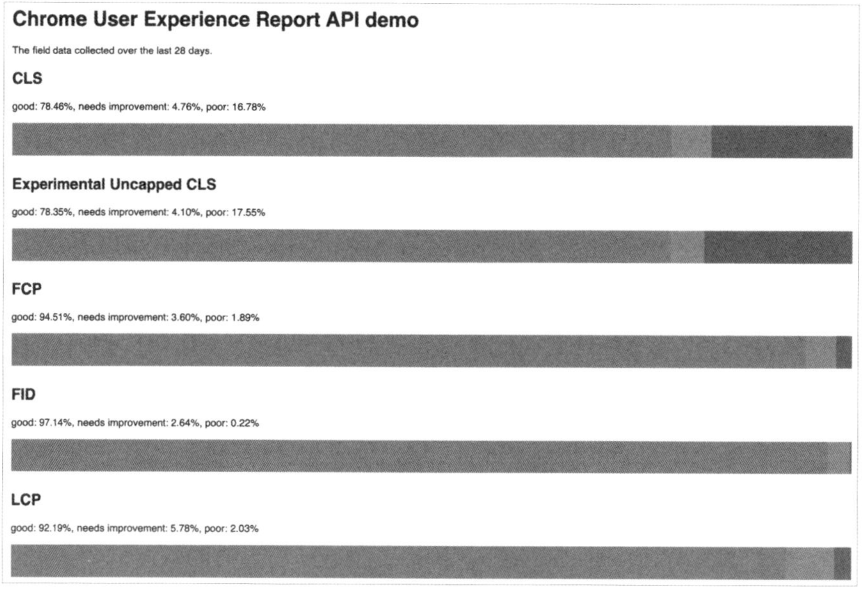

Chrome User Experience Report API demo

The field data collected over the last 28 days.

CLS

good: 78.46%, needs improvement: 4.76%, poor: 16.78%

Experimental Uncapped CLS

good: 78.35%, needs improvement: 4.10%, poor: 17.55%

FCP

good: 94.51%, needs improvement: 3.60%, poor: 1.89%

FID

good: 97.14%, needs improvement: 2.64%, poor: 0.22%

LCP

good: 92.19%, needs improvement: 5.78%, poor: 2.03%

▲ 圖 4-10 結合 CrUX API 實作簡單的範例

Web Vitals Chrome Extension

在 Chrome 瀏覽器安裝 Web Vitals Chrome Extension（如圖 4-11），它可提供真實使用者在電腦環境操作下 CWV 的狀況。

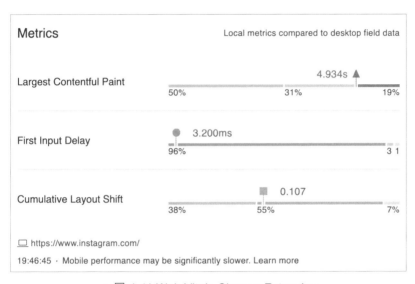

▲ 圖 4-11 Web Vitals Chrome Extension

它檢測指定頁面是否通過 CWV 的標準 —— 良好、待改進或差，不同的狀態會顯示不同的顏色

- 灰色：沒有啟用。
- 綠色：通過。
- 紅色：至少有一個指標沒有通過。

點擊 badge 後可看到更多資訊，也會提示可能會持續更新或需要使用者做些什麼事情。例如：

- 使用者需要與頁面元件互動（例如：點擊）才能測量 FID 的資料，否則只會顯示「等待輸入」的提示訊息。

- 網頁元件上有許多動畫而非使用 CSS transform 來實作，那麼 CLS 的值就會不斷被持續更新。

- 在數線上會顯示的 CrUX 的資訊，目前此域名 (origin) 使用者體驗良好、待改進或差的標準下的百分比，並點出當前使用者所在的區段。注意，一般的頁面所顯示的 CrUX 的資訊是以域名為單位，但若為熱門網頁，則會顯示此網址的統計資訊，如圖 4-12 所示，顯示網址 https://cythilya.github.io/2015/04/07/bootstrap-grid-system/ 的核心指標資訊。

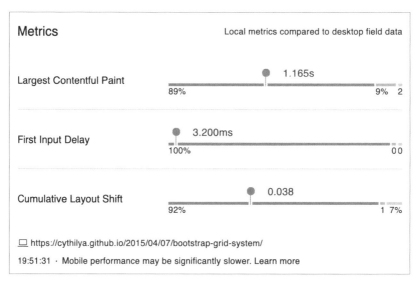

▲ 圖 4-12 Web Vitals Chrome Extension 顯示此網址的核心指標資訊

Web Vitals Chrome Extension 的優點在於：

- 輕便、輕鬆安裝即可使用。
- 能蒐集真實世界中真實使用者操作的即時資訊，對於除錯與驗證問題很有幫助（註 2）。同樣在開發階段也能輕易地做到。

若想針對沒有通過的指標做改善，可使用前面提到的 PSI 或 Lighthouse 等工具做檢測並閱讀其報告的建議以做改善。

JavaScript 函式庫

由於 Google 所提供的工具只會蒐集公開網站的資訊，因此若為私密的網站，建議可使用 JavaScript 函式庫結合 RUM 系統以蒐集資料；或是經由使用 JavaScript 函式庫結合 RUM 系統以蒐集更即時、更詳細的資料以做檢測，例如：在實地環境下，經由使用者操作來檢視 FID（請參考第 9 章「首次輸入延遲（First Input Delay）」）。

以下介紹兩種常用的工具 Perfume.js 與 web-vitals。

Perfume.js

Perfume.js 是使用瀏覽器通用的 Performance API 所實作的網頁效能監測工具，能協助計算網站指標的資料。經由實作結合 Google Analytics 或 Firebase 即可成為真實用戶監控系統。在本範例中利用 ReactGA ── ReactGA 是提供在 React 框架下的 Google Analytics 模組。Perfume.js 計算完成後會經由 ReactGA 儲存到 Google Analytics 報表。

安裝。

```
yarn add perfume.js react-ga
```

設定與使用。

```
import ReactGA from 'react-ga';
import Perfume from 'perfume.js';

const analyticsTracker = ({ metricName, data, duration }) => {
  const METRICS = [
    // 要蒐集的指標
    'cls',
    'fid',
    'lcp',
  ];

  if (METRICS.includes(metricName)) {
    const duration = Math.round(Number(data));

    ReactGA.timing({
      category: 'Performance by Perfume (Timing)',
      variable: metricName,
      value: duration, // 單位為 ms
    });
  }
};

const perfume = new Perfume({
  cumulativeLayoutShift: true,
```

```
  firstInputDelay: true,
  largestContentfulPaint: true,
  logging: true,
  analyticsTracker,
  googleAnalytics: {
    enable: true,
    timingVar: 'userId',
  },
});
```

並且在頁面載入時初始化。

```
ReactGA.initialize('UA-123456789', {
  gaOptions: {
    userId, // 可辨別個別使用者的資料
  },
});
```

完成以上設定，等待一段時間後便可在「行為 > 網站速度 > 使用者載入時間」看到紀錄。

web-vitals

除了 Perfume.js，也可使用 Google 官方開發的 web-vitals 函式庫。

安裝。

```
yarn add web-vitals
```

設定與使用，簡單地在 ChromeDev Tools 的 Console 頁籤印出資訊。

```
import { getLCP, getFID, getCLS } from 'web-vitals';

getCLS(console.log);
getFID(console.log);
getLCP(console.log);
```

Perfume.js 與 web-vitals 的差異只在於測量的指標稍有不同而已，針對需求來決定要使用哪一套工具即可。

工作流程

如本章一開始所提到的，網站指標可協助開發者以使用者的角度來了解目前的效能狀況，與幫助開發者能容易診斷和快速修正與驗證問題；而工具能協助開發者在開發階段除錯與發掘潛在問題，或在上線後協助開發者驗證已修復的問題、幫助管理者了解長期走向與趨勢。

因此，產品生命週期上，建議結合工具與工作流程如圖 4-13。

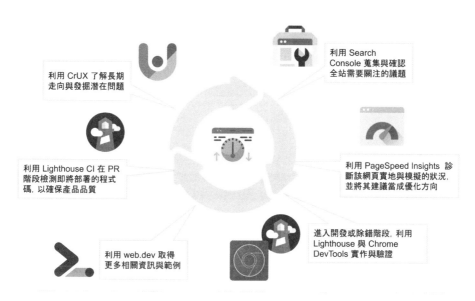

利用 CrUX 了解長期
走向與發掘潛在問題

利用 Search
Console 蒐集與確認
全站需要關注的議題

利用 Lighthouse CI 在 PR
階段檢測即將部署的程式
碼，以確保產品品質

利用 PageSpeed Insights 診
斷該網頁實地與模擬的狀況，
並將其建議當成優化方向

利用 web.dev 取得
更多相關資訊與範例

進入開發或除錯階段，利用
Lighthouse 與 Chrome
DevTools 實作與驗證

▲ 圖 4-13 結合工具與工作流程

步驟 1： 利用 Search Console 的 CWV 報告蒐集與確認需要關注的議題。

步驟 2： 利用 PSI 診斷該網頁實地與模擬的狀況，並將其提供的建議當成
優化的方向。

步驟 3： 進入開發或除錯階段，使用模擬工具 Lighthouse 與 Chrome
DevTools 模擬特定的環境來實作與驗證是否達到改善的目的，
這個階段通常需來回重覆多次。

步驟 4： 利用 web.dev 取得更多參考資料或範例。

步驟 5： 利用 Lighthouse CI 在每個 PR（pull request）檢查指標的資訊，
讓產品在部署到正式環境前，做好效能測試。

步驟 6： 利用 CrUX 或其他 RUM 系統驗證在真實環境中問題是否解決，
並觀察使用者實際操作的狀況而發掘是否有潛在的效能問題，
以及了解網站長期走向與趨勢。

本章回顧

整理工具與其可測試的指標如表 4-2，開發者可根據需求使用不同的工具來蒐集指標資訊、檢測與驗證。

表 4-2 工具與其可測試的指標

工具	LCP	FID	CLS
Lighthouse	v	TBT	v
PageSpeed Insights (PSI)	v	v	v
Chrome DevTools	v	TBT	v
Search Console	v	v	v
Chrome User Experience Report (CrUX)	v	v	v
Web Vitals Chrome Extension	v	v	v
web-vitals JavaScript 函式庫	v	v	v

💣 **Tips**

由於目前網站指標主要專注於載入效能（loading performance）這一塊，因此若想測量網頁載入後的 CLS 或瀏覽器主執行緒的活動狀態，是無法測量出來的，必須改用 Chrome DevTools 的效能檢測工具來做細部的觀察。

💣 **Tips**

Lighthouse 等模擬測量工具由於無法直接獲得需要與使用者互動的 FID 等指標資訊，必須利用 TBT 作為代理指標來做間接衡量與改善。

註 1：Google 將從世界各地蒐集來的實地資料放進 BigQuery 服務中，開發者可經由類似 SQL 的語法取得想要查詢的資料。由於本書在檢視網頁效能上並沒有實際使用到 BigQuery，因此不做介紹與討論。

註 2：若想立即驗證是否修復特定問題，可利用 Web Vitals Chrome Extension 提供在電腦環境下真實的使用者操作的狀況來做驗證。

註 3：PSI API 範例程式碼。

```javascript
const setUpQuery = () => {
  const api = 'https://www.googleapis.com/pagespeedonline/v5/runPagespeed';
  const parameters = {
    strategy: 'mobile',
    url: encodeURIComponent('https://cythilya.github.io'),
  };
  const queries = Object.keys(parameters)
    .map((key) => [key, parameters[key]].join('='))
    .join('&');

  return `${api}?${queries}`;
};

const run = () => {
  const url = setUpQuery();

  fetch(url)
    .then((response) => response.json())
    .then((json) => {
      showInitialContent(json.id);
```

```javascript
      showCruxContent(getCruxMetrics(json));
      showLighthouseContent(getLighthouseMetrics(json));
    });
};

const getCruxMetrics = ({ loadingExperience: { metrics } }) => {
  return {
    'First Contentful Paint': metrics.FIRST_CONTENTFUL_PAINT_MS.category,
    'First Input Delay': metrics.FIRST_INPUT_DELAY_MS.category,
  };
};

const getLighthouseMetrics = ({ lighthouseResult }) => {
  return {
    'First Contentful Paint': lighthouseResult.audits['first-contentful-
                                                    paint'].displayValue,
    'Speed Index': lighthouseResult.audits['speed-index'].displayValue,
    'Time To Interactive': lighthouseResult.audits['interactive'].
                                                    displayValue,
    'First Meaningful Paint': lighthouseResult.audits['first-meaningful-
                                                    paint'].displayValue,
    'First CPU Idle': lighthouseResult.audits['first-cpu-idle'].
                                                    displayValue,
    'Estimated Input Latency': lighthouseResult.audits['estimated-input-
                                                    latency'].displayValue,
  };
};

const showInitialContent = (id) => {
```

```
  document.body.innerHTML = '';
  const title = document.createElement('h1');
  title.textContent = 'PageSpeed Insights API Demo';
  document.body.appendChild(title);

  const page = document.createElement('p');
  page.textContent = `Page tested: ${id}`;
  document.body.appendChild(page);
};

const showCruxContent = (cruxMetrics) => {
  const cruxHeader = document.createElement('h2');
  cruxHeader.textContent = 'Chrome User Experience Report Results';
  document.body.appendChild(cruxHeader);

  for (key in cruxMetrics) {
    const p = document.createElement('p');
    p.textContent = `${key}: ${cruxMetrics[key]}`;
    document.body.appendChild(p);
  }
};

const showLighthouseContent = (lighthouseMetrics) => {
  const lighthouseHeader = document.createElement('h2');
  lighthouseHeader.textContent = 'Lighthouse Results';
  document.body.appendChild(lighthouseHeader);

  for (key in lighthouseMetrics) {
    const p = document.createElement('p');
```

```
    p.textContent = `${key}: ${lighthouseMetrics[key]}`;
    document.body.appendChild(p);
  }
};


run();
```

05
Chapter

首次顯示內容
（First Contentful
Paint）

首次顯示內容（first contentful paint，簡稱 FCP）是指測量網頁載入時使用者可在螢幕上看到第一個可見元素所花的時間，「可見元素」可以是任何的文字、圖檔或非白色的背景色。FCP 確保使用者不是空等。

如圖 5-1 所示，這個網頁載入的流程，一開始畫面是什麼都沒有的，然後在第 400 ms 時出現了載入圖示（loading icon）暗示使用者網站仍在持續載入資源，接著是出現搜尋框，並持續載入圖文區塊，最後顯示完整的網頁內容。由於 FCP 是指第一個可見元素出現所花的時間，此為載入圖示，是為 400 ms。

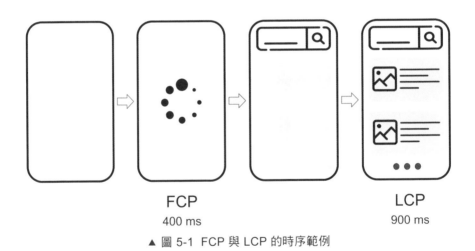

FCP
400 ms

LCP
900 ms

▲ 圖 5-1 FCP 與 LCP 的時序範例

▌測量與檢視工具

FCP 可被實地與模擬測量，因此 PSI、Lighthouse、Web Vitals Chrome Extension 和 Chrome DevTools Performance Timeline 都可測量與檢視 FCP。

評估標準

FCP 建議應低於 1.8 秒。

表 5-1 FCP 的評估標準

#	良好	待改善	差
FCP	小於 1.8 秒	介於 1.8～3 秒	大於 3 秒

由於影響 FCP 與 LCP 的原因與解法相似，因此會在接下來的第 6 章「最大內容繪製（Largest Contentful Paint）」中一併探討 FCP 與 LCP 的優化方向與其範例。

範例：比較不同渲染方式的 FCP 和 TTFB

前端常用的渲染方式可分為兩種 —— 伺服器端渲染（server-side rendering，簡稱 SSR）與客戶端渲染（client-side rendering，簡稱 CSR），定義如下

- SSR：當伺服器端收到網路請求，回傳完整的 HTML 給客戶端以呈現網頁。
- CSR：當伺服器端收到網路請求，只回傳資料，由客戶端利用 JavaScript 產生 HTML 與組裝資料以呈現網頁。

這裡有兩個簡單的範例，可比較 SSR 與 CSR 的 FCP 和 TTFB 的差異。

啟動範例的步驟如下，資料夾 csr 是以客戶端渲染的範例，資料夾 ssr 是以伺服器端渲染的範例。

- 移動到 csr 或 ssr 資料夾：cd csr 或 cd ssr。
- 安裝相關檔案：yarn。
- 以開發模式啟動專案。
  - ▶ csr：yarn start。
  - ▶ ssr：yarn build && yarn start。
- 打開 http://localhost:3000/ 即可看到範例網站。

使用 ChromeDev Tools 的 Network 與 Performance 工具可測量此兩個專案的 FCP 與 TTFB，得到資料整理如表 5-2。

表 5-2 比較不同渲染方式的 FCP 和 TTFB

#	FCP（ms）	TTFB（ms）
CSR	534	1.92
SSR	266.9	4.86

由於渲染的流程不同，伺服器端與客戶端的負擔便不同：

- 當使用 SSR 渲染網頁時，由於伺服器端必須動態地組裝完整的網頁，包含因使用者或情境而有不同的資料，而在這過程中會耗費更多 CPU time 與 Disk I/O，再回傳到前端，導致 TTFB 較大，但因為客戶端收到的是完整的網頁，因此能很快的呈現在使用者面前，FCP 較小。
- 當使用 CSR 渲染網頁時，伺服器不需花太多額外的處理，只需要依照客戶端的請求回傳對應的檔案，因此 TTFB 較小，但客戶端必須自行組裝資料以呈現網頁，因此 FCP 較大。

‖ 本章回顧

■ 首次顯示內容（first contentful paint，簡稱 FCP）是指測量網頁載入時
使用者可在螢幕上看到第一個可見元素所花的時間，「可見元素」可
以是任何的文字、圖檔或非白色的背景色。FCP 確保使用者不是空等。

■ FCP 可被實地與模擬測量，因此 PSI、Lighthouse、Web Vitals Chrome
Extension 和 Chrome DevTools Performance Timeline 都可測量與檢視
FCP。

■ 若希望達到良好的標準，FCP 建議應低於 1.8 秒。

■ 在不同渲染的方式下，SSR 會有較好的 FCP、較差的 TTFB；而 CSR 則
是有較好的 TTFB、較差的 FCP。

NOTE

06
Chapter

最大內容繪製
（Largest Contentful Paint）

最大內容繪製（largest contentful paint，簡稱 LCP）是指測量在載入後的可視區域（viewport）最大面積的元素所花的載入時間，這個指標可用來確認此頁面的主要內容在螢幕上完成渲染的時間。由於面積最大的元素通常是該頁面的主要內容，因此快速的 LCP 能讓使用者儘快確認該頁的資訊對他們是否有用。

如先前在第 5 章的圖 5-1 所示，這個頁面在一開始載入時畫面上是什麼都沒有的，然後出現了載入圖示暗示使用者網站仍在持續載入資源，接著出現搜尋框並載入圖文區塊，最後顯示完整的網頁內容。

因此：

- FCP 是指第一個可見元素出現所花的時間，此為載入圖示，是 400 ms。
- LCP 是指最大面積的元素出現所花的時間，此為圖文區塊，是 900 ms。

測量與檢視工具

LCP 與 FCP 皆可被實地與模擬測量，因此 PSI、Lighthouse、Web Vitals Chrome Extension 和 Chrome DevTools Performance Timeline 都可測量與檢視 LCP 與 FCP。

如圖 6-1 所示，在 PSI 的報告中，可在左下方看到 LCP 的資訊，在此圖中顯示 93 % 的使用者在 LCP 上是經歷良好的體驗。

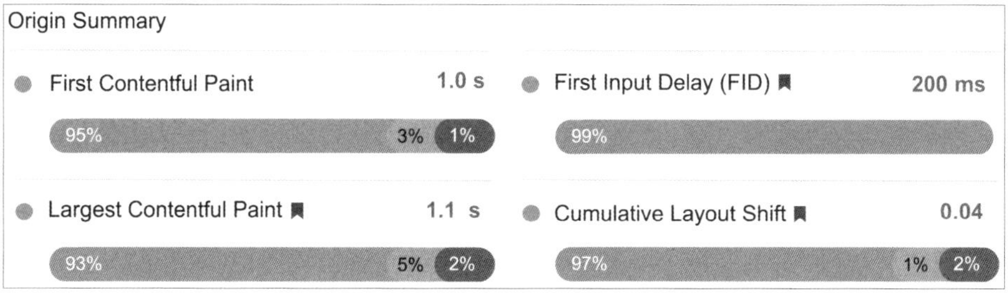
Origin Summary
First Contentful Paint
1.0 s
95%
3%
1%
First Input Delay (FID)
200 ms
99%
Largest Contentful Paint
1.1 s
93%
5%
2%
Cumulative Layout Shift
0.04
97%
1%
2%

▲ 圖 6-1 PSI 報告的來源摘要範例

如圖 6-2 所示，在 Lighthouse 的報告中，可在左方第三列看到「Largest Contentful Paint」的資訊，在此圖中顯示 LCP 為 5.3 秒，是模擬的資料，高於良好的標準，推測使用者在 LCP 上是經歷較差的體驗，此頁面或許有效能問題，需再加強改進。

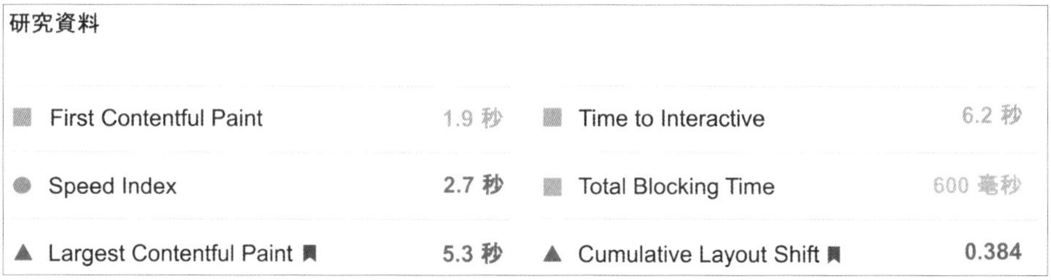
研究資料
First Contentful Paint
1.9 秒
Time to Interactive
6.2 秒
Speed Index
2.7 秒
Total Blocking Time
600 毫秒
Largest Contentful Paint
5.3 秒
Cumulative Layout Shift
0.384

▲ 圖 6-2 Lighthouse 報告的指標範例

評估標準

若希望達到良好的標準，LCP 建議應低於 2.5 秒。

表 6-1 LCP 的評估標準

#	良好	待改善	差
LCP	小於 2.5 秒	介於 2.5 ~ 4 秒	大於 4 秒

優化方向

影響 LCP 與 FCP 的主因即是影響載入效能的因素，例如：JavaScript 或 CSS 程式碼被禁止轉譯（render-blocking）、資源載入速度或伺服器回應速度過慢，改進方式可為壓縮資源大小、移除不需要的程式碼、提前取得重要資源、改善伺服器回應時間、快取、引導使用者到最近的 CDN（content delivery network）等，以確保網頁資源能快速載入。

在進入正題之前，先來思考優化載入效能這件事情的前因後果 —— 先看瀏覽器與伺服器溝通前後至渲染畫面，再看可以怎麼優化這個過程。

在瀏覽器輸入網址並送出後，到底發生了什麼事？

當使用者在瀏覽器網址列輸入網址並送出後，瀏覽器便會將網址字串進行解析與建立連線，當連線成功後即開始傳輸資料，傳輸完畢後瀏覽器會解析 HTML、CSS 和 JavaScript 並渲染畫面，渲染完畢即可讓使用者看到畫面。

因此，若希望優化載入效能，可從網路連線、檔案傳輸、快取、瀏覽器解析與渲染畫面這幾個方向著手，意即可歸納出三個會造成載入效能不佳的主要原因

- 伺服器回應速度過慢。
- 禁止轉譯的資源。
- 資源載入速度過慢。

伺服器回應速度過慢

當瀏覽器發出資源請求，而伺服器回應速度過慢，則會導致瀏覽器較晚收到回應而延遲能讓使用者看到畫面的時間，進而影響 FCP 與 LCP。雖然本書主要探討前端效能議題，伺服器相關優化不在討論範圍之內，但仍可以來看看前端能做哪些事情來減緩這個狀況。

- 快取：以快取優先，當檔案有更新時才重新對伺服器要求最新檔案與更新快取。

- 儘早建立網路連線：瀏覽器在取得網路資源時會經過 DNS（domain name system）解析域名（DNS lookup）、TCP/IP 連線、SSL 連線與資料傳輸，網路連線過程中的每個階段都會影響載入效能，進而會影響 FCP 與 LCP。因此，讓瀏覽器針對外連的網域利用 dns-prefetch 預先做 DNS 解析，或利用 preconnect（註 1）儘早建立連線，都能加快載入效能。常用於優化存放靜態資源的 CDN。

禁止轉譯的資源

瀏覽器在完成渲染前，會解析 HTML 來建立 DOM tree，當遇到 CSS 或需要同步（synchronous）下載 JavaScript 的外連檔案時，HTML 解析器（HTML parser）便會暫停解析，進行檔案下載、解析與執行，直至完成再回到原先解析 HTML 的工作，待依序 DOM tree 建立完成、解析 CSS 以產出 CSSOM、DOM tree 與 CSSOM 結合成為 render tree、結合 JavaScript 程式碼來完成繪製後，使用者才能看到畫面。在這一連串的過程中，瀏覽器必須「等待」關鍵的 CSS 與 JavaScript 資源（critical resource），這個「等待」即是「禁止轉譯」（註 2），因此禁止轉譯的資源會影響 FCP 與 LCP。

為了讓延遲渲染的狀況減到最低，我們會試圖讓造成影響的程式碼變少，也就是試圖減少禁止轉譯的資源，因此會有以下兩個原則：

- 最小化（minify）檔案：移除用不到的程式碼。為了撰寫與閱讀方便，程式碼中會有很多的註解、空白等，但瀏覽器並不需要這些字元，可利用打包等自動化工具將這些字元移除。CSS 可做最小化、JavaScript 可做最小化與壓縮。例如：打包工具 Webpack 的 plugin uglifyjs-webpack-plugin 或 terser-webpack-plugin 將 JavaScript 程式碼最小化，而在 production 模式底下會利用 tree-shaking 將用不到的程式碼屏除在打包後的檔案之外，這樣便能縮小打包檔案的大小。

- 確認資源的重要程度：將關鍵資源以行內（inline）的方式放置在 HTML 的 \<head> 標籤之內、將非關鍵資源延後載入。

首先，觀察 ChromeDev Tools 的覆蓋率（coverage）工具來檢視個別資源下載與未使用的狀況（如圖 6-3）。

URL	Type	Total Bytes	Unused Bytes	Usage Visualization
http://localhost:3000/static/js/vendors~main.chunk.js	JS (per function)	3 977 099	1 144 547 28.8 %	
chrome-extension://fmkadmapgofadopljbfkapdkoienihi/build/react_devtools_backend.js	JS (per function)	466 751	266 602 57.1 %	
https://platform.twitter.com/widgets.js	JS (per function)	98 490	43 689 44.4 %	
http://localhost:3000/static/js/bundle.js	JS (per function)	38 777	26 253 67.7 %	
http://localhost:3000/static/js/main.chunk.js	JS (per function)	113 271	20 692 18.3 %	
https://platform.twitter.com/js/horizon_tweet.4027cff8c5dfbbf9b414b0df963e6b7d.js	JS (per function)	6 896	1 211 17.6 %	

▲ 圖 6-3 ChromeDev Tools 的覆蓋率工具

檢視哪些程式碼是會用到和未用到的（如圖 6-4），其中會用到的標記為綠色，即圖上方區塊；未用到的標記為紅色，即圖下方區塊。

```
64   .home3 .home-main {
65       display: none
66   }
67
68   .home3 .home-value {
69       background: □#f7f7f8;
70       font-size: 0;
71       text-align: center;
72       min-width: 1000px;
73       margin-top: 48px
74   }
```

▲ 圖 6-4 ChromeDev Tools 覆蓋率工具標記程式碼用到與未用到的狀況

再來，經由檢視覆蓋率可知哪些是畫面載入時會需要用到的程式碼，便可分為 script 與 stylesheet 來做優化和調整。

對 script 來說：

- 移除用不到的程式碼與其他優化方案，例如：最小化，以確保傳輸最小檔案。

- 嘗試將畫面載入時會用到與不會用到的程式碼拆分開來。將非關鍵資源的 <script> 標籤加上 async 或 defer 屬性，表示可在背景下載，並非禁止轉譯的資源。async 與 defer 的差異在於 async 下載完後會暫停 HTML parser 來執行 JavaScript 程式碼，待執行完成後再恢復 HTML parser；而 defer 下載完成後不會馬上執行，而是待 HTML parser 剖析完畢 HTML 後才執行 JavaScript 程式碼。若 script 與其他 script 或 DOM 有相依關聯，則必須選擇使用 defer，反之則可用 async。

- 將關鍵資源以行內的方式放置在 HTML 的 <script> 標籤之內，瀏覽器可以快速取得而不用發出網路請求來要求資源與等待伺服器回應。

對 stylesheet 來說：

- 移除用不到的程式碼與其他優化方案，例如：最小化，以確保傳輸最小檔案。

- 嘗試將畫面載入時會用到與不會用到的程式碼拆分開來，可將資源切分成不同的檔案，並使用媒體查詢（media query）依照使用者目前所用設備來決定哪些資源要先下載後才能渲染畫面，是為禁止轉譯的資源。

- 將關鍵資源的 <link> 屬性 rel 設定為 preload 以強制要求瀏覽器預先載入；而其餘非關鍵資源以非同步的方式下載。

- 將關鍵資源以行內的方式放置在 HTML 的 <style> 標籤之內，瀏覽器可快速取得而不用發出網路請求來要求資源與等待伺服器回應。

以上的方法能減少禁止轉譯的資源，進而減少等待不必要的網路傳輸、下載、解析和執行的時間，而減少阻礙渲染的時間，進而提升 FCP 與 LCP。

▏資源載入速度過慢

除了 CSS 與 JavaScript 資源會因為禁止轉譯的問題而延遲渲染，其他資源如圖檔也會影響載入的效能，導致不佳的 FCP 與 LCP。

優化與壓縮圖檔

- 圖檔通常是網頁中尺寸最大的元件，也通常是最大檔案，因此可利用壓縮（compress）或提供先進的格式，例如：.webp，以縮減其大小（註 3）。

- 實作響應式圖檔，根據使用情境提供適當尺寸的圖檔。

- 使用 CDN，目前有許多 CDN 除了提供使用者能就近伺服器下載檔案外，還提供能處理壓縮圖檔、提供適當尺寸的響應式圖檔和先進格式檔案的圖檔伺服器（image server），例如：Cloudinary，Cloudinary 提供優秀的圖檔與影音檔的優化和 CDN 服務。

> 💣 **Tips**
>
> 由於 JPEG 的瀏覽器支援度廣，體積比 PNG 小，因此大多仍是以 JPEG 為優先選擇的圖檔格式，而非 WebP、JPEG 2000 或 PNG。

預先載入重要的資源

為了避免會延遲渲染的資源被埋在檔案深處，直到很晚才被解析到而載入，因此直接設定 `<link rel="preload">` 有助於強制要求瀏覽器優先下載此檔案。注意，只有在一開始載入後會讓使用者在可視區域看到的資源才是重要的資源，需要設定為預先載入，若什麼都設定為預先載入就是什麼都不重要的意思了。

> 🍒 **Tips**
>
> 瀏覽器對於在可視範圍內的資源會有較高的網路請求優先權，因此埋藏在程式碼裡面卻是關鍵資源的就必須要由開發者直接以 preload 來調整其順序。例如：特定的 XHR 請求、必要的 JavaScript 檔案、圖檔等。並且，由於設定為 preload 的資源可能會與目前下載的資源搶頻寬，這在網路狀況不佳的情形下更為明顯，同時也必須考慮共用檔案間的相依性，因此必須視專案情況調整 preload 與關鍵資源的 script 標籤的順序。

壓縮文字檔

伺服器或 CDN 可設定使用 Gzip 或 Brotli 壓縮 HTML、CSS 和 JavaScript 檔案有助於減小其體積，以減少傳輸量，進而減少載入時間、FCP 與 LCP。Gzip 有較多瀏覽器支援，而 Brotli 雖然較少瀏覽器支援（例如：IE 並不支援 Brotli），但壓縮效果較好。

可適性服務

可適性服務（adapting serving）是指根據使用者所處的不同條件下，以提供不同的資源。由於下載資源的快慢和使用者本身的網路環境和設備有關，可利用 Network Information、Device Memory 和 Hardware Concurrency API 取得使用者的情況，依據這些情況來決定載入適合的資源。

簡單範例見資料夾 adapting-serving，經由判斷使用者的網路狀況是否為 4G 來決定載入影片或預覽圖。由範例可知，當網路狀況不佳時（模擬 slow 3G），載入預覽圖約 11 KB；而在 4G 以上的狀況下，載入影片約 25.9 MB，遠遠超過預覽圖的大小。在這裡必須注意瀏覽器支援度的狀況而需多加判斷，目前 Network Information API 只有在 Chrome、IE、Opera 最新版本與行動裝置上的瀏覽器有所支援。

```
if (navigator.connection && navigator.connection.effectiveType) {
  if (navigator.connection.effectiveType === '4g') {
    // 載入影片
  } else {
    // 載入圖片
  }
}
```

> 💣 **Tips**
>
> 利用可適性服務判斷使用者的網路狀況，來決定要顯示怎樣的內容、提示使用者此時的操作是否會造成額外花費或大量耗時，或蒐集實地資料以了解使用者的狀況。

減少用不到的 Polyfill 程式碼

為了兼容舊瀏覽器，往往會使用 polyfill，若包含過多不需要的 polyfill 會導致打包檔案過大而有效能問題，因此可限制使用的環境以減少用不到的 polyfill 程式碼。

優化方式為：

- 若使用 Babel 作為轉換的編譯器（transpiler），可針對當前使用者所在的環境，提供需要的 polyfill，而通常會在 .babelrc 做以下處理：

  （1）設定 target 或 browserslist 指定要兼容的瀏覽器與其版本。

（2）設定 useBuiltIns 來根據目前的環境載入需要的 polyfill。如下
程式碼所示，使用 ES6 以上語法的程式碼，經計算後得知檔
案大小為 36 bytes，而由 Babel 轉換為 ES5 的程式碼，經計算
後得知檔案大小為 63 bytes，由此可知，針對不同支援度的
瀏覽器提供所需的打包檔案有助減少其大小。

```
// 使用 ES6 以上語法的程式碼
() => {
  console.log('Hello World');
};


// 由 Babel 轉換為 ES5 的程式碼
'use strict';

(function () {
  console.log('Hello World');
});
```

- 設定 Webpack 或 Babel 的 targets.esmodules 以產出兩種打包檔
  案，並利用 script 的屬性 module 與 nomodule 來讓瀏覽器根據自
  身支援度選擇要用哪一支檔案。注意，部份瀏覽器並未支援此功
  能，例如：IE、Opera Mini。

```
<script type="module" src="app.js"></script>
<script nomodule src="app-bundle.mjs" defer></script>
```

▍範例

這裡有一個簡單的範例，啟動專案的步驟如下：

- 移動到 fcp-lcp 資料夾：cd fcp-lcp（劇透：優化完成後的結果在 fcp-lcp-optimized 資料夾）。
- 安裝相關檔案：yarn。
- 以開發模式啟動專案 yarn start。
- 打開 http://localhost:3000/ 即可看到範例網站。

改善前

使用 Chrome DevTools 中的 Lighthouse 頁籤分別檢視桌機與行動裝置的效能狀態，由報告可知各項指標的數據都有待加強。

桌機的效能狀況整理如表 6-1。

表 6-1 改善前桌機的效能狀況

#	改進前	目標
FCP	1.6 秒	小於 1.8 秒
LCP	2.1 秒	小於 2.5 秒
TTI	2.7 秒	小於 5 秒
TBT	230 ms	小於 300 ms
SI	2.3 秒	小於 3.4 秒
CLS	0.06	小於 0.1

行動裝置的效能狀況整理如表 6-2。

表 6-2 改善前行動裝置的效能狀況

#	改進前
FCP	7.5 秒
LCP	11.2 秒
TTI	13.7 秒
TBT	720 ms
SI	9.2 秒
CLS	0.823

整理桌機與行動裝置的 FCP 和 LCP 相關待改進的建議與診斷如表 6-3，對照範例中的程式碼，可列出實作項目，以下將一一說明。

表 6-3 FCP 和 LCP 相關的待改進建議與診斷

#	待改進的項目	說明
1	Preconnect to required origins	儘早與第三方網域建立連線
2	Reduce unused JavaScript	移除用不到的程式碼
3	Eliminate render-blocking resources	消除禁止轉譯的資源
4	Avoid chaining critical requests	避免檔案間的相依呼叫
5	Preload Largest Contentful Paint image	預先載入大圖

儘早與第三方網域建立連線

由於圖檔放在 Cloudinary 這個第三方網域的 CDN 上，因此可利用 preconnect 和 dns-prefetch 與 res.cloudinary.com 儘早建立連線或預先做 DNS 解析。

```
<link rel="preconnect" href="https://res.cloudinary.com" />
<link rel="dns-prefetch" href="https://res.cloudinary.com" />
```

預先載入大圖

LCP 延遲的原因是主要內容顯示在畫面上的時間被推遲，這在顯示主要橫幅大圖（hero image）尤其明顯 —— 這往往是因為此類重要的圖檔埋藏在程式碼的深處，可能會造成瀏覽器很晚才發現此圖檔，而開始發出網路請求、下載、顯示該圖檔，導致 LCP 嚴重延遲。

發生的情境可能有：

- 在客戶端使用 JavaScript 載入 <img> 標籤；或是必須先發出網路請求取得圖檔，再使用 JavaScript 渲染來顯示圖檔。
- 使用 CSS 設定背景圖檔樣式。

為了讓開發者重新調整瀏覽器下載資源的順序，以加快主要橫幅大圖的出現時間，使用 preload 是個可以改善 LCP 的好方法。

```
<link rel="preload" as="image" href="hero-image.jpg" />
```

就算是伺服器渲染（server-side rendering，簡稱 SSR）都應該要設定 preload，早點取得重要的關鍵資源，以避免延遲 LCP。

在本範例中，從 ChromDev Tools 來檢視 LCP 的元素，點擊「Related Node」後方的選取器（selector）── 即可選到該元素，在此例中是 img. d-block.w-100，得知是輪播大圖（如圖 6-5）。

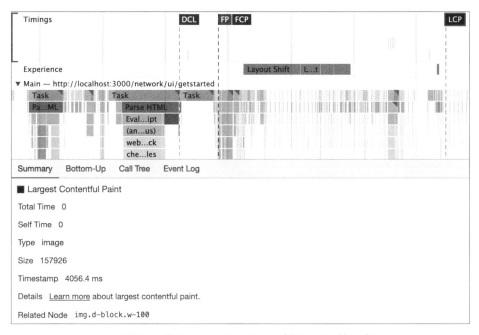

▲ 圖 6-5 利用 ChromDev Tools 檢視 LCP 的元素

點選到該選取器後會反灰（如圖 6-6）。

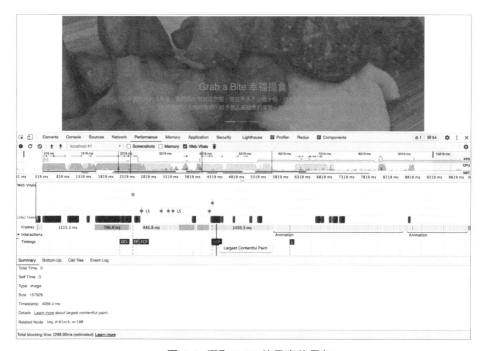

▲ 圖 6-6　選取 LCP 的元素後反灰

由於目前已知 LCP 元素是此大圖，會希望愈早讓使用者看到愈好，因此會利用 preload 要求瀏覽器強制預先載入。

```
<link as="image" href="sample.png" rel="preload" />
```

此範例可以修改如下。

```
<link as="image" href="https://res.cloudinary.com/.../grab-a-bite-5.png"
rel="preload" />
```

　　比較 preload 使用前後的差異，如圖 6-7 所示，圖 6-7 上部份為使用 preload 前的檔案取得狀況，瀏覽器經由解析 HTML 進而從 JavaScript 程式碼中發掘圖檔；而下部份為使用後的檔案取得狀況，瀏覽器在解析 HTML 後，因從 preload 得知必須先取得圖檔，幾乎同時的取得 JavaScript 檔案與圖檔，因而降低 LCP 的延遲狀況。稍後我們會再針對使用者的環境決定是否要預先載入響應式圖檔或先進格式的圖檔以節省網路傳輸成本；而若是圖檔存在於第三方網域，可加上 preconnect 與 dns-prefetch 儘早建立連線或預先做 DNS 解析。

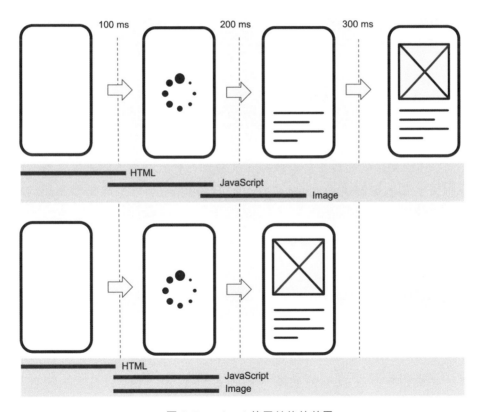

▲ 圖 6-7　preload 使用前後的差異

注意，利用 preload 要求瀏覽器強制預先載入重要的資源，常用於：

- 主頁橫幅大圖（hero image）。主頁橫幅大圖是指網頁的可視區域的主要大圖，通常是當頁可見的最大的元素。
- 需要快速用到但隱藏於 JavaScript 或 CSS 檔案中的資源，這是為了避免會延遲渲染的資源被埋在檔案深處，直到很晚才被解析到而載入。
- 禁止轉譯的資源。

在這裡即是第一個使用情境 —— 主頁橫幅大圖。

雖然 preload 可強制要求瀏覽器優先下載特定資源，也就是依照我們的要求重新洗牌瀏覽器下載資源的順序，但注意只有在一開始載入後會讓使用者在可視區域看到的資源才是重要的資源，需要設定為預先載入，若什麼都設定為預先載入就是什麼都不重要的意思了。

在 Instagram 網站上可以看到並沒有預先載入圖片，而是預先載入一支包含所有圖檔資訊的 JSON 檔案，利用 preload 方式提高瀏覽器網路請求的優先順序，這樣的好處除了確保網路請求的優先順序外，還可將伺服器回應做快取，並且不會載入使用者用不到的圖檔資源。

```
<link rel="preload" href="api/fetch-image-list" as="fetch"
type="application/json" />
```

根據使用情境提供適當的圖檔尺寸與格式

本範例中，主頁橫幅大圖（檔名 grab-a-bite-5.png）的原始尺寸為 715 × 221 px，大小為 297 KB。

比較桌機與行動裝置（iPhone X）目前所用的尺寸、大小與下載時間（表 6-4）。注意，這邊會看到資源的原始大小（297 KB）與傳輸大小（299 KB）是不同的，這是因為網路傳輸必須包含請求與回應的相關資訊，例如：request headers、request body、response headers 與 response body，這些都會增加傳輸量，因此體積稍微增加。

表 6-4　桌機與行動裝置改善前圖檔尺寸、傳輸大小與下載時間

#	圖檔尺寸 (pixel)	傳輸大小 (KB)	下載時間 (ms)
桌機	715 × 221	299	191
行動裝置	715 × 221	299	191

由於行動裝置所需圖檔尺寸較小 —— 414 x 127（pixel）即可，因此可針對行動裝置所需的圖檔尺寸做調整。

在預載入的主頁橫幅大圖方面，可以這樣修改。

```
<link
  as="image"
  href="sample-mobile-1x.png"
  imagesrcset="sample-mobile-1x.png 1x, sample-mobile-2x.png 2x"
  media="(max-width: 414px)"
  rel="preload"
/>
<link as="image" href="sample-default.png" media="(min-width: 415px)"
rel="preload" />
```

其他圖檔可修改如下。

```
<picture>
  <source media="(min-width: 414px)" srcset="sample-mobile-1x.png 1x,
                                              sample-mobile-2x.png 2x" />
  <img alt="範例圖片" src="sample-default.png" />
</picture>
```

此範例的預覽大圖可以修改如下。

```
<link
  as="image"
  href="https://res.cloudinary.com/w_414/grab-a-bite-5.webp"
  imagesrcset="https://res.cloudinary.com/w_414/grab-a-bite-5.webp 1x,
                        https://res.cloudinary.com/grab-a-bite-5.webp 2x"
  media="(max-width: 414px)"
  rel="preload"
/>
<link
  as="image"
  href="https://res.cloudinary.com/grab-a-bite-5.webp"
  media="(min-width: 415px)"
  rel="preload"
/>
```

此範例的其他圖檔可修改如下。

```
<picture>
  <source
    media="(max-width: 414px)"
    srcset="
```

```
      https://res.cloudinary.com/w_414/grab-a-bite-5.webp 1x,
      https://res.cloudinary.com/grab-a-bite-5.webp         2x
    "
    type="image/webp"
  />
  <source
    media="(min-width: 415px)"
    srcset="https://res.cloudinary.com/grab-a-bite-5.webp"
    type="image/webp"
  />
  <img src="https://res.cloudinary.com/grab-a-bite-5.png" alt="Grab a
                                              Bite 幸福提食" />
</picture>
```

在這裡會使用 <picture>/<img srcset sizes> 讓瀏覽器根據自身環境「裝置像素密度」與「可視區域的大小」來選擇適當的圖檔。

- 裝置像素密度（device pixel ratio，DPR），DPR 是指每一英吋裡到底含有多少像素。一般的螢幕 DPR 大多是 1，而蘋果裝置像是手機是 2，平板電腦可能是 3。若在 Retina 這種高解析度（high DPI）螢幕上，仍使用提供給低解析度螢幕的圖片，就會看起來模糊不清。因此可利用 srcset 設定 pixel density descriptor，並分別給予不同的圖片來源。

- 可視區域（viewport），視窗的寬度。在此設定 media query 的條件於 media 屬性即可依照 viewport 選擇不同圖片來源，用以指定不同大小的圖檔。

以上便能同時兼顧裝置像素密度與可視區域。

改善後，比較桌機與行動裝置（iPhone X）目前所用的格式（PNG）與下載時間（如表 6-5）。

表 6-5　桌機與行動裝置改善後圖檔尺寸、傳輸大小與下載時間

#	圖檔尺寸 (pixel)	傳輸大小 (KB)	下載時間 (ms)
桌機	715 × 221	299	191
行動裝置	414 x 127	128	39

在預載入的主頁橫幅大圖方面，可以這樣修改。注意，`<link>` 標籤中的 imagesrcset 屬性會對應到 `<img>` 標籤的 srcset 屬性。

以上便能因應個別瀏覽器所支援的新型圖檔格式。

改善後，比較桌機與行動裝置（iPhone X）原先使用 PNG，而改用 WebP 後的下載大小與時間，都減少非常多（如表 6-6）。

表 6-6　桌機與行動裝置改用 WebP 後的圖檔尺寸、傳輸大小與下載時間

#	圖檔尺寸 (pixel)	大小 (KB)	下載時間 (ms)
桌機	715 × 221	33.7（減少 265.3）	24（減少 167）
行動裝置	414 x 127	11（減少 117）	21（減少 18）

注意，在本範例中圖檔存放於 Cloudinary，可針對圖檔做優化，例如：設定壓縮比率、提供適當的尺寸與格式和讓使用者就最近的伺服器下載檔案，都可加快取得資源的速度。

動態載入

動態載入（dynamic import）或稱為延遲載入（lazy loading）是指將打包後所產生單獨一支的檔案，切分成多個較小的塊（chunk），而較小的塊可依照需求動態地載入。這樣就可避免在頁面載入初期即下載過多不必要的程式碼。

範例如下（範例程式碼在 dynamic-import 資料夾），有一模組 module.js 包含 sayHi 函式。

```
export const sayHi = (name) => {
  console.log(`Hi ${name}!`);
};
```

這個模組只有當使用者點擊按鈕「點我！」的時候才會載入。這樣即可減少在畫面載入初期即下載了過多還用不到的程式碼。

```
const App = () => {
  return (
    <div className='App'>
      <button
        onClick={() => {
          import('./module.js').then((module) => {
            module.sayHi('John');
          });
        }}
      >
        點我！
      </button>
    </div>
```

```
  );
};
```

　　畫面印出訊息。

```
Hi John!
```

　　在本範例中，可看到 main.chunk.js 這支程式碼在載入階段未使用的程式碼的比率特別高（93.9%），點進去原始碼後發現是此頁之外其他頁面所用到的程式碼，因此可考慮以 route 為單位切分打包的檔案，在需要時才動態載入，這樣便能減小載入的負擔。

　　實作細節如下所示，利用 React Router 的函式庫與 React.lazy 來實作動態載入，因此在載入首頁（Home 元件）時，並不會載入新聞頁的相關程式碼；直到點擊新聞頁（News 元件）的導覽連結，才會下載該程式碼。

```
import React, { Suspense, lazy } from 'react';
import { BrowserRouter as Router, Route, Switch } from 'react-router-dom';

const Home = lazy(() => import('./Home'));
const News = lazy(() => import('./News'));

const App = () => (
  <Router>
    <Suspense fallback={<div>Loading...</div>}>
      <Container>
        <Switch>
          <Route path='/news'>
            <News />
          </Route>
```

```
        <Route path='/'>
          <Home />
        </Route>
      </Switch>
    </Container>
  </Suspense>
  </Router>
);


export default App;
```

強制預先載入重要的資源

在此範例中，打包的檔案是禁止轉譯的資源，讓其預先載入能減少下載時間，也就能減少延遲渲染的時間。

利用 Webpack 的 plugin preload-webpack-plugin 來協助設定 preload 的資源，例如，打包的檔案能被預先載入，可在 webpack.config.js 如下設定。

```
plugins: [
  new HtmlWebpackPlugin(),
  new PreloadWebpackPlugin({
    // 注意，要放在 html-webpack-plugin 之後
    rel: 'preload',
    include: 'allChunks',
  }),
];
```

除了 preload 外，還可設定預先載入其他資源與 prefetch 等。

將關鍵資源放在行內

將關鍵資源以 inline 的方式放置在 HTML 的 <head> 標籤之內，以及將非關鍵資源的延後載入，解法如下，在這裡使用 HTML Critical Webpack Plugin，HTML Critical Webpack Plugin 是一個用來將關鍵的 CSS 程式碼以 inline 方式放置在 <head> 標籤內、非關鍵的部份則以非同步的方式載入。

在 webpack.config.js 設定如下。

```
const HtmlCriticalWebpackPlugin = require('html-critical-webpack-plugin');

module.exports = {
  plugins: [
    new HtmlCriticalWebpackPlugin({
      base: path.resolve(__dirname, 'build'),
      src: 'index.html',
      dest: 'index.html',
      inline: true,
      minify: true,
      extract: true,
      width: 320,
      height: 565,
      penthouse: {
        blockJSRequests: false,
      },
    }),
  ],
};
```

由於在開發模式（development mode）樣式本身是以 inline 的方式置入 HTML 的，使用 HTML Critical Webpack Plugin 無法看出成效，因此要改用指令 yarn prod 來啟動生產模式（production mode）。

- 使用前，樣式皆打包在一起。
- 使用後，抽出關鍵樣式程式碼，以 inline 方式放置在 <head> 標籤內；非關鍵的部份則以非同步的方式載入。

由於 CSS 並沒有像是 script 的 async 或 defer 屬性可用，因此可藉由 <link> 標籤的屬性或 loadCSS 來實作非同步載入樣式。

```
<link
  as="style"
  href="styles.css"
  rel="stylesheet"
  onload="this.onload=null;this.rel='stylesheet'"
/>
```

延後載入非關鍵資源

widgets.js 是用於嵌入 Twitter 貼文的第三方工具程式，而 Lighthouse 檢測出 widgets.js 這支檔案雖然是禁止轉譯的資源，但實際上它與其他程式碼沒有相依關係，可獨立運作，因此可加入屬性 async 讓其在背景下載後再做解析與執行。

在此範例中，可如下加入 async 屬性。

```
<script async src="https://platform.twitter.com/widgets.js" charset=
                                                 "utf-8"></script>
```

第三方函式庫，例如：Google Analytics 或廣告等，由於與實際介面顯示或操作無關，而是作為使用者經驗研究或資料分析用，並非關鍵資源，可設定延後載入。

注意，「避免檔案間相依呼叫」是指有下載一連串有相依順序的關鍵資源，導致必須等待檔案皆下載完成才能渲染畫面，解法是移除、標記為非同步下載、減少體積、設定預先載入。因此，我們將資源依照重要程度來處理的解法，例如：將關鍵資源放在行內或將非關鍵資源延後載入，可解決上面所提到的避免檔案間相依呼叫的問題。

改善後

再次使用 Lighthouse 檢測改善後的狀況。

桌機的效能改善後狀況整理如表 6-7。

表 6-7　改善後桌機的效能狀況

#	改進前	目標	改進後
FCP	1.6 秒	小於 1.8 秒	0.7 秒
LCP	2.1 秒	小於 2.5 秒	1.2 秒
TTI	2.7 秒	小於 5 秒	0.8 秒
TBT	230 ms	小於 300 ms	0
SI	2.3 秒	小於 3.4 秒	1.7 秒
CLS	0.06	小於 0.1	0.012

行動裝置的效能改善後狀況整理如表 6-8。

表 6-8 改善後行動裝置的效能狀況

#	改進前	改進後
FCP	7.5 秒	3.2 秒
LCP	11.2 秒	5.4 秒
TTI	13.7 秒	13.8 秒
TBT	720 ms	90 ms
SI	9.2 秒	11.1 秒
CLS	0.823	0.6

▍本章回顧

- 最大內容繪製（largest contentful paint，簡稱 LCP）是指測量在載入後的可視區域最大面積的元素所花的載入時間，這個指標可用來確認此頁面的主要內容在螢幕上完成渲染的時間。由於面積最大的元素通常是該頁面的主要內容，因此快速的 LCP 能讓使用者儘快確認該頁的資訊對他們是否有用。

- LCP 可被實地與模擬測量，因此 PSI、Lighthouse、Web Vitals Chrome Extension 和 Chrome DevTools Performance Timeline 都可測量與檢視 LCP。

- 若希望達到良好的標準，LCP 建議應低於 2.5 秒。

- 影響 LCP 的主因即是影響載入效能的因素，例如：JavaScript 或 CSS 程式碼被禁止轉譯、資源載入速度或伺服器回應速度過慢，改進方式可為壓縮資源大小、移除不需要的程式碼、提前取得重要資源、改善伺服器回應時間、快取、引導使用者到最近的 CDN 等，以確保網頁資源能快速載入。

- 比較 FCP 與 LCP 如表 6-9。

表 6-9 FCP 與 LCP

#	全名	定義	核心指標	實地測量	模擬測量	優化方向	評估標準	檢測工具
FCP	首次顯示內容	載入第一個可見元素所花的時間	x	o	o	禁止轉譯的資源、資源載入或伺服器回應速度過慢	小於 1.8 秒	PSI、Lighthouse 與 Chrome DevTools
LCP	最大內容繪製	載入最大面積元素所花的時間	o	o	o	同 FCP	小於 2.5 秒	同 FCP

註 1：整理比較 preconnect、dns-prefetch 與 preload 此三種資源提示（resource hint）如表 6-10。

表 6-10　preconnect、dns-prefetch 與 preload

#	用途	語法	瀏覽器支援度
preconnect	通知瀏覽器儘早與第三方網域建立連線	`<link rel="preconnect" href="https://example.com">`	部份瀏覽器不支援（例如：IE 11、Firefox 92 等），可用 dns-prefetch 作為退化機制的備案。
dns-prefetch	要求瀏覽器預先做 DNS 解析	`<link rel="dns-prefetch" href="https://example.com">`	幾乎所有瀏覽器都支援，支援度較為廣泛。
preload	強制要求瀏覽器優先下載此檔案	`<link rel="preload" as="[ 檔案類型 ]" href="[ 檔案路徑 ]" />`	部份瀏覽器不支援（例如：IE）

註 2：瀏覽器將具備以下條件的外部檔案連結的關鍵資源判定為禁止轉譯的資源：

（1）<script> 標籤沒有加上 async 或 defer 屬性。

（2）<link rel="stylesheet"> 沒有加上 disabled 屬性，而能讓瀏覽器下載，或沒有加上 media 屬性，可通用為使用者當前設備所需的樣式。

註 3：針對選取檔案的格式策略，對於支援度較佳的瀏覽器，提供 WebP 格式，並再依照使用情境提供 fallback 格式：

（1）若為幾何圖形構成的圖檔可用 SVG，例如：圖標（icon）。

（2）若希望解析度佳且必須保留透明度，則選用 PNG，否則可用 JPEG 以得到體積更小的檔案。

（3）若是影片可用影片檔案格式，而非 GIF，因為 GIF 只能以 256 種顏色表現而較不細膩並且檔案通常較大。

整理圖檔格式比較如表 6-11。

表 6-11 常用圖檔格式

#	JPEG	PNG	WebP	SVG	GIF
類型	點陣圖（bitmap / raster graphics）	點陣圖	點陣圖	向量圖 (vector graphics)	點陣圖
壓縮	失真（lossy compression）	無失真（lossless compression）	失真與無失真皆可	-	無失真
透明度	x	v	v	v	v
動畫	x	x	v	v	v
瀏覽器兼容度	普及	普及	IE 不支援	IE 有限度支援	普及
用途	各式圖檔、照片	各式圖檔、照片，解析度佳、保留透明度	皆可	icon	動畫

07
Chapter

互動準備時間
（Time to Interactive）

互動準備時間（time to interactive，簡稱 TTI）是指測量網頁何時可以互動的時間點。FCP 後，若主執行緒沒有執行長時間的任務，並且在未來五秒也沒有網路請求，這樣的時間點稱為靜窗（quiet window），而從 FCP 到靜窗的時間差即為 TTI。TTI 可診斷是否有潛在的互動性問題。

那麼，什麼是長時間的任務呢？根據 RAIL 模型的定義，為了確保主執行緒收到使用者的互動並給予反應的時間必須在 100 ms 以內，因此任務不能超過 50 ms。也就是說，**長時間的任務是指佔用主執行緒超過 50 ms 的任務**，否則超過 50 ms 可能會導致使用者與網頁互動後，主執行緒無法即時處理互動的事件和運算，導致畫面看起來凍結了，停住不動，很像壞掉的樣子。

FCP、FID、TBT 與 TTI 的關係如圖 7-1 所示，從頁面載入到靜窗的時間差即為 TTI。

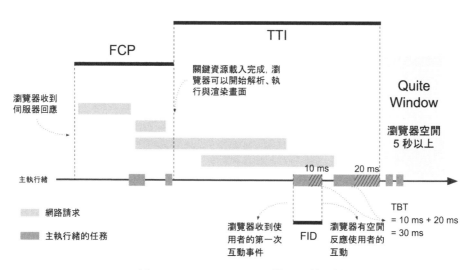

▲ 圖 7-1 FCP、FID、TBT 與 TTI 的關係

TTI 的意義在於指出瀏覽器主執行緒有能力即時回應使用者互動的時機，並且界定出靜窗的時間點，以供後續 TBT 的計算，關於 TBT 可參考第 8 章「總阻塞時間（Total Blocking Time）」。

測量與檢視工具

由於 TTI 是在模擬環境下測量的指標，因此可用 Lighthouse 測量與檢視。

如圖 7-2 所示，在 Lighthouse 的報告中，可在右方第一列看到「Time to Interactive」的資訊，在此圖中顯示 TTI 為 1.8 秒，是模擬的資料，遠低於良好的標準，推測使用者在 TTI 上是經歷良好的體驗。

研究資料			
● First Contentful Paint	1.0 秒	● Time to Interactive	1.8 秒
● Speed Index	1.2 秒	● Total Blocking Time	90 毫秒
● Largest Contentful Paint ▮	1.8 秒	● Cumulative Layout Shift ▮	0

▲ 圖 7-2 Lighthouse 報告的指標範例

評估標準

TTI 測量的是網頁載入直至主執行緒完成長時間任務後空閒五秒以上的時間區段，因此若需要執行大量的 JavaScript 程式碼，則主執行緒會忙於執行任務而延遲到達空閒的時間，因此可能會延遲 FID 而有潛在的互動性問題。因此，若要提供良好的使用者體驗，網站必須將 TTI 降至 5 秒以下（如表 7-1）。

表 7-1 TTI 的評估標準

#	良好
TTI	小於 5 秒

優化方向

影響 TTI 的主因是長時間佔用主執行緒的任務造成主執行緒忙碌，因此減少主執行緒任務數量或執行任務的時間皆可減少 TTI，例如：切小須執行太長時間的任務、減少不必要的程式碼等。另外，由於網路請求也會影響 TTI 的時間點，因此優化網路請求也能減少 TTI。

目前大多使用 FID 與 TBT 來改善載入互動性（註 1），稍後我們會在第 8 章「總阻塞時間（Total Blocking Time）」（簡稱 TBT）與第 9 章「首次輸入延遲（First Input Delay）」（簡稱 FID）來探討怎麼利用 TBT 來改善 FID。

▍本章回顧

■ 互動準備時間（time to interactive，簡稱 TTI）是指測量網頁何時可以互動的時間點。FCP 後，若主執行緒沒有執行長時間的任務，並且在未來五秒也沒有網路請求，這樣的時間點稱為靜窗（quiet window），而從 FCP 到靜窗的時間差即為 TTI。TTI 可診斷是否有潛在的互動性問題。

■ 由於 TTI 是在模擬環境下測量的指標，因此可用 Lighthouse 測量與檢視。

■ 若希望達到良好的標準，網站必須將 TTI 降至 5 秒以下。

■ 影響 TTI 的主因是長時間佔用主執行緒的任務造成主執行緒忙碌，因此減少主執行緒任務數量或執行任務的時間皆可減少 TTI，例如：切小須執行太長時間的任務、減少不必要的程式碼等。

註 1：從官方文件「Lighthouse performance scoring」可知，Lighthouse 8 效能分數中 TTI 佔 10%，而 TBT 佔 30%，因此在改善載入互動性方面，會以 TBT 為模擬測量時檢視的主要指標。

NOTE

總阻塞時間
（**Total Blocking Time**）

總阻塞時間（total blocking time，簡稱 TBT）是指測量頁面載入後，在 FCP 和 TTI 之間，主執行緒被長時間任務阻塞的總時間，可經由估算可能會延遲互動反應的時間來診斷是否有潛在的互動性問題。

如圖 8-1 所示，這是主執行緒在 FCP 和 TTI 之間的任務狀態，依序執行 4 個任務，其中有 2 個任務的執行時間超過 50 ms。計算超過 50 ms 的部份，任務 1 超過 5 ms，任務 2 超過 40 ms，任務 3 與任務 4 沒有超過 50 ms，因此 TBT 為 5 ms + 40 ms = 45 ms。

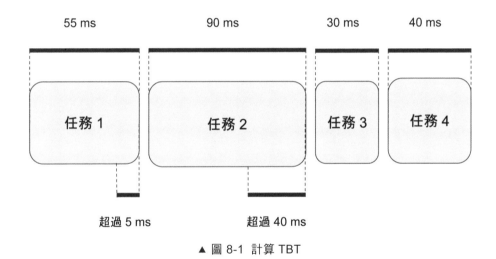

▲ 圖 8-1 計算 TBT

綜合前面提到的 FCP、FID、TBT 與 TTI 的關係（如圖 7-1），在 FCP 和 TTI 之間的任務，任務執行時間超過 50 ms 的部份之總和即為 TBT。

測量與檢視工具

由於 TBT 是在模擬環境下測量的指標，因此可用 Lighthouse 測量與
檢視。

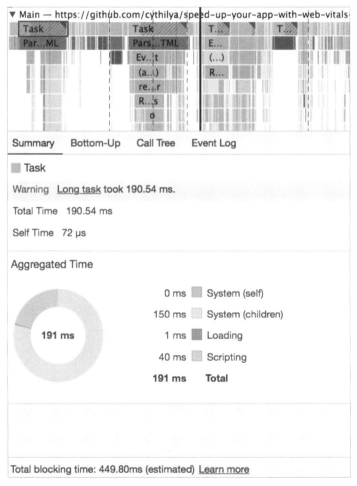

▲ 圖 8-2 利用 ChromeDev Tools 的 Performance Timeline 查看長時間佔用
主執行緒的任務

如先前在第 6 章的圖 6-2 所示，在 Lighthouse 的報告中，可在右方第二列看到「Total Blocking Time」的資訊，在此圖中顯示 TBT 為 600 毫秒，是模擬的資料，高於良好的標準，推測使用者在 TBT 上是經歷稍差的體驗，此頁面或許有效能問題，需再加強改進。

除了 Lighthouse 以外，ChromeDev Tools 的 Performance 頁籤也提供 TBT 的估算，可在 Timeline 上看見預估的 TBT 值，這樣的預估值並不是「模擬」得到，而是開發者經由工具實測而得。開發者可經由這樣的功能推測 TBT 是否逐漸改進，而有機會縮小 FID。

如圖 8-2 所示，任務中會在右上角使用紅色三角標記為「長時間佔用主執行緒的任務」，並且以紅色斜線標出超過 50 ms 的時間區段。點選這個任務後可看到更詳細的資訊，「Self Time」是指此函式的執行時間，是為 72 μs；而「Total Time」是指此函式與其呼叫其他函式所執行的時間總和，是為 190.54 ms。下方的圓餅圖可見「Scripting」，包含動畫、垃圾回收、JavaScript 程式碼的執行等共花費 40 ms。

「Total blocking time: 449.80 ms (estimated)」表示瀏覽器預估在 FCP 和 TTI 之間的所有任務的阻塞時間為 449.80 ms。注意，瀏覽器有時會因為經歷的時間過短而導致無法估計 TBT，就會顯示 0 或 Unavailable 的訊息。

評估標準

若希望達到良好的標準，TBT 建議應低於 300 ms（如表 8-1）。

表 8-1 TBT 的評估標準

#	良好	待改善	差
TBT	小於 300 ms	介於 300 ~ 600 ms	大於 600ms

優化方向

如同 TTI，影響 TBT 的主因是長時間佔用主執行緒的任務造成主執行緒忙碌，因此減少主執行緒任務數量或執行任務的時間皆可減少 TBT，例如：切小須執行太長時間的任務、減少不必要的程式碼等。

TBT 並非實地指標，而是模擬指標，經由 Lighthouse 等模擬工具估算 FCP 和 TTI 之間主執行緒被長時間任務阻塞的總時間，用於診斷是否有潛在的互動性問題。

由於 TBT 偵測的是影響 FID 的核心問題，意即長時間佔用主執行緒的任務造成主執行緒忙碌，因此，我們會在接下來的第 9 章「首次輸入延遲（First Input Delay）」看到如何利用 TBT 來改善 FID。

本章回顧

- 總阻塞時間（total blocking time，簡稱 TBT）是指測量頁面載入後，在 FCP 和 TTI 之間，主執行緒被長時間任務阻塞的總時間，可經由估算可能會阻塞互動反應的時間來診斷是否有潛在的互動性問題。

- 由於 TBT 是在模擬環境下測量的指標，因此可用 Lighthouse 測量與檢視。

- 若希望達到良好的標準，TBT 建議應低於 300 ms。

- 如同 TTI，影響 TBT 的主因是長時間佔用主執行緒的任務造成主執行緒忙碌，因此減少主執行緒任務數量或執行任務的時間皆可減少 TBT，例如：切小須執行太長時間的任務、減少不必要的程式碼等。

09
Chapter

首次輸入延遲
（First Input Delay）

在前面的章節我們使用 FCP 與 LCP 來檢視使用者可以多快看到畫面，而在使用者的認知裡面，就算能很快看到畫面，但無法操作並得到即時的回應依舊是體驗不佳的網頁。因此，在這裡我們要來看一個能檢測網頁互動和反應狀況的 CWV —— 首次輸入延遲。

首次輸入延遲（first input delay，簡稱 FID）是指測量網頁載入後，使用者第一次與網頁互動，直到瀏覽器能對此互動做出回應的時間差。由於瀏覽器在載入資源後仍需做處理，因此處於忙碌狀態；此時使用者若與網頁互動，例如：點擊某個按鈕或連結、在搜尋框輸入字串，可能需要等待一段時間後才能得到回應。

如先前第 7 章的圖 7-1，當網頁發出要求資源的網路請求（淺灰色區塊）直至檔案下載完畢後，瀏覽器的主執行緒（main thread）需要花不等的一段時間來處理（深灰色區塊，每個區塊視為一個任務）。當主執行緒在處理這些任務（task）時是非常忙碌的，若此時使用者嘗試和網頁元件互動，則必須等到這些任務結束後才能做出反應，這一段等待的時間即是 FID。

▎測量與檢視工具

FID 由於需要使用者實際操作，因此只能被實地測量，無法被模擬測量。可測量的工具有 PSI、CrUX、Search Console 與 Web Vitals Chrome Extension。

　　如先前第 6 章的圖 6-1，在 PSI 的報告中，可在右上方看到 FID 的資訊，在此圖中顯示 99 % 的使用者在 FID 上是經歷良好的體驗。

　　若需在模擬環境測量，可利用指標 TTI 和 TBT 來做間接衡量與改善。雖然它們測量的是不同的東西，但改善 TTI 與 TBT 有助於改善 FID，因此優化 TTI 與 TBT 即可減少 FID（註 1）。

　　另外，由於在真實世界中有太多因素影響 FID，例如：綜合使用者的眾多行為（點擊、打字等），因此若想得到關於 FID 更多的資訊，可使用 RUM 系統或經由結合 web-vitals 函式庫蒐集個別指標的相關資訊，來更詳細的分析 FID 的成因和使用者情境。

‖ 評估標準

　　FID 測量的是使用者第一次與網頁互動，直到瀏覽器的主執行緒事件處理器（event handler）開始處理而給予回應所花的時間。若此網站執行大量的 JavaScript 程式碼，則可能會有許多長時間佔用主執行緒的任務（意即大於 50 ms 的任務），導致無法及時回應而延遲 FID。因此，若要提供良好的使用者體驗，網站必須將 FID 降至 100 ms 以下（如表 9-1）。

表 9-1 FID 的評估標準

#	良好	待改善	差
FID	小於 100 ms	介於 100 ms ~ 300 ms	大於 300 ms

‖ 優化方向

如同 TTI 與 TBT，影響 FID 的主因是主執行緒過於忙碌，因此減少主執行緒任務數量或執行任務的時間皆可減少 FID，例如：切小須執行太長時間的任務、減少不必要的程式碼等。

在進入正題之前，先來思考優化載入互動性這件事情的前因後果 —— 先看瀏覽器在收到使用者輸入前後的過程，再看我們可以怎麼優化這個過程。

畫面渲染完成後，瀏覽器可能仍不停的在載入、解析與執行 JavaScript 程式碼，在這過程中主執行緒依舊忙碌，而此時若使用者與網頁互動，則可能無法即時回應。也就是說，造成 FID 不佳的主因是主執行緒忙於處理 JavaScript 程式碼，因此改善 JavaScript 程式碼的下載、解析與執行有助於減少 FID。

可歸納兩個方向來解決主執行緒忙於處理 JavaScript 程式碼的問題：

- 減少 JavaScript 程式碼的執行時間。
- 使用 web worker 處理與使用者介面無關的複雜的運算。

檢視與改善步驟：

- 經由 Search Console 或 PSI 得知正式環境的 FID 狀況並非理想，可利用 PSI 診斷該網頁實地與模擬的狀況，並將其提供的建議當成優化的方向。

- 進入開發或除錯階段，可利用 Lighthouse 來模擬特定的環境來實作與驗證是否達到改善的目的。

- 利用 Chrome DevTools Performance Timeline 取得更多細節資訊，例如：找出到底是哪一支 script 或哪一段程式碼長時間佔用主執行緒。

- 在開發環境修正問題後，部署到正式環境上，在正式環境上檢測 FID 的改善狀況。若想立即驗證是否修復特定問題，可利用 Chrome DevTools Performance Timeline、Web Vitals Chrome Extension 或 JavaScript 函式庫（例如：web-vitals 或 Perfume.js）在真實使用者的操作狀況下來做驗證。

接下來將一一説明這兩個方向的解法。

▍減少 JavaScript 程式碼的執行時間

打開 ChromeDev Tools 的 Performance 錄製效能資訊後，可在 Timeline 見到標記為灰色的任務的右上角標註紅色三角記號，表示是長時間佔用主執行緒的任務，其中還會用紅色斜線標註超過 50 ms 的時間區段（如圖 9-1）。長時間佔用主執行緒的任務可能是正在執行大量 JavaScript 程式碼，而載入和執行的程式碼也不見得是使用者現在會用到的，這樣的狀況會導致主執行緒過於忙碌而無法即時反應使用者的互動。因此，將任務切小，避免長時間佔用主執行緒可減輕 FID 的問題。

▲ 圖 9-1　標記長時間佔用主執行緒的任務

　　過量的 JavaScript 程式碼會造成執行時間太長，導致主執行緒忙碌，進而無法即時回應使用者的互動而延遲 FID、TBT 與 TTI。因此，可漸進式的依照需要載入功能與相對應的程式碼，可參考第 6 章「動態載入」和「延後載入非關鍵資源」的部份，經由這樣的解法能改善 TBT 與 TTI，進而改善 FID。

使用 Web Worker 處理與使用者介面無關的複雜運算

　　若需在瀏覽器端處理大量資料的運算，則一定會造成主執行緒忙碌的狀況，因此可用 web worker 來處理與使用者介面無關的複雜運算，讓主執行緒較為空閒。

> 💣 **Tips**
>
> 若要處理的資料量較大，主執行緒與 web worker 執行緒之間的傳輸成本是必須考量的關鍵點。

範例

這裡有一個簡單的範例，啟動專案的步驟如下：

- 移動到 fid 資料夾： **cd fid-burger-menu** （劇透：優化完成後的結果在 fid-burger-menu-optimized 資料夾）。
- 安裝相關檔案： **yarn** 。
- 以開發模式啟動專案 **yarn start** 。
- 打開 http://localhost:3000/ 即可看到範例網站。

在畫面載入時使用者可能會試圖點擊左上角漢堡選單（burger menu），但可能過了好一陣子選單才會打開。使用者無法在畫面載入後立刻打開清單，這是因為主執行緒正在忙碌處理一些事情，該怎麼解決呢？

改善前

使用 Chrome DevTools 中的 Lighthouse 頁籤檢視桌機的效能狀態，由報告可知 TBT 有待加強（如表 9-2）。

表 9-2 改善前桌機的效能狀況

#	改進前	目標
TBT	2,250 ms	小於 300 ms

整理桌機與 TBT 相關的待改進的建議與診斷如表 9-3。

表 9-3 TBT 相關的待改進建議與診斷

#	待改進的項目	說明
1	Avoid long main-thread tasks	避免長時間佔用主執行緒的任務
2	Reduce JavaScript execution	減少 JavaScript 程式碼的執行時間
3	Minimize main-thread work	減少主執行緒的負擔

　　經過以上 Lighthouse 的檢測，可得知主要問題是在於有長時間佔用主執行緒的任務，造成主執行緒忙碌而無法即時反應使用者的互動。

使用 Web Worker 來處理與使用者介面無關的複雜運算

　　利用 ChromeDev Tools 的 Performance 工具找出是哪個檔案、哪個函式長時間佔用主執行緒，原來是 sort 函式花費了最多的時間（如圖 9-2）。

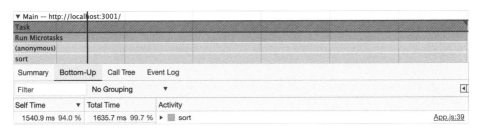

▲ 圖 9-2 sort 函式執行時間較長

　　點進去查看程式碼，由於 sort 函式是用於計算排序的，與使用者介面無關，因此可抽出來放到 web worker 裡面執行，避免佔用主執行緒資源。改將 sort 放到 web worker 後，由於主執行緒不再忙碌，因此使用者可在畫面載入後即開始在輸入框打字、新增項目。

利用 JavaScript 函式庫檢視 FID

由於 Google 目前所提供的工具在偵測與驗證 FID 並不即時（CrUX 必須等待近一個月才能看到更新資訊），因此建議使用 RUM 工具或 JavaScript 函式庫（例如：web-vitals 或 Perfume.js 等）來協助蒐集 FID 資訊，在實地資料的蒐集與驗證上是更為便利且詳盡的。

改善後

再次使用 Lighthouse 檢測改善後的效能狀況。除了 Lighthouse 之外，稍後也可至 PSI、CrUX 或 Search Console 的核心指標報告查看個別指標的資訊（如表 9-4）。

表 9-4 改善後桌機的效能狀況

#	改進前	目標	改進後
TBT	2,250 ms	小於 300 ms	760 ms

TBT 顯著地減少，網頁也能更順暢的運作與互動。

在這裡推薦使用 web-vitals 或 Perfume.js 協助蒐集 FID 的資料，簡單地在 ChromeDev Tools 的 Console 頁籤印出資訊，得到改善前的 FID 為 3474 ms，改善後為 11 ms，有顯著地進步（如表 9-5）。

表 9-5 FID 改善前後的效能狀況

#	改進前	目標	改進後
FID	3,474 ms	小於 100 ms	11 ms

網站具有良好的 FID，而 TBT 卻十分的糟糕？

這裡有個有趣的議題，在觀察 FID 與 TBT 的數據時，我們可能會發現，網站具有良好的 FID，而 TBT 卻十分的糟糕（如圖 9-3）？這是為什麼呢？

▲ 圖 9-3 網站具有良好的 FID，而 TBT 卻十分的糟糕

如圖 9-4 所示，FID 蒐集所得的實地資料是由真實的使用者操作網站所蒐集而來的資訊，而當第 75 百分位的使用者是體驗良好的便會標記為優良，其中個別使用者的行為差異甚大，而在此網站所操作的網頁或功能也各異，因此這樣的實地資料是大量統計的結果；TBT 蒐集所得的是模擬資料，經由 Lighthouse 此類工具模擬某單一使用者的操作行為，操作的流程可能剛好是會造成主執行緒忙碌的動作，而得到不佳的結果，因此兩者有如此大的差別。

因此，FID 與 TBT 雖然相關，可經由改善 TBT 來間接減少 FID，但在資料解讀上意義卻是不同的。

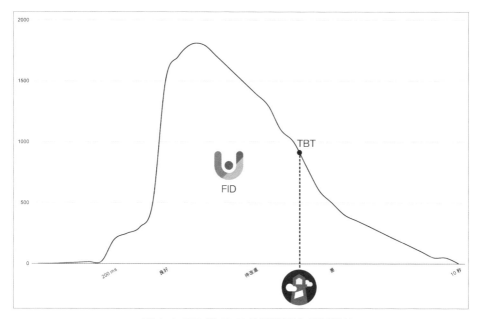

▲ 圖 9-4 FID 與 TBT 的解讀面向是不同的

∥ 本章回顧

　　如表 9-6 所示，總整理 TTI、TBT 與 FID。簡單來說，TTI 用於表示網頁何時可以互動，TBT 用於表示主執行緒能即時回應使用者的機率；FID 則是用於表示網頁何時可以回應使用者的互動。

表 9-6 TTI、TBT 與 FID

#	全名	定義	核心指標	實地測量	模擬測量	優化方向	評估標準	檢測工具
TTI	互動準備時間（time to interactive）	FCP 與靜窗之間，使用者可與網頁互動的時間	x	x	o	減少主執行緒任務數量或執行任務的時間	小於 5 秒	Lighthouse
TBT	總阻塞時間（total blocking time）	在 FCP 和 TTI 之間，主執行緒被長時間任務阻塞的總時間	x	x	o	同 TTI	小於 300 ms	Lighthouse、ChromeDev Tools
FID	首次輸入延遲（first input delay）	使用者第一次與網頁互動，直到瀏覽器能對此互動做出回應的時間差	o	o	x	同 TTI	小於 100 ms	PSI、CrUX、Search Console 與 Web Vitals Chrome Extension

---

註 1：由於在模擬環境下並無法由使用者實際操作網頁來取得 FID，而是藉由 TBT 與 TTI 來做間接衡量與改善，因此稱 TBT 與 TTI 為 FID 的代理指標（proxy metrics）。

速度指數
（Speed Index）

速度指數（speed index，簡稱 SI）是用來衡量網頁載入期間，內容在視覺上有多快能呈現在使用者面前，簡言之即是視覺上的「流暢性」。SI 的產生方式是利用瀏覽器的工具來錄製影片，再用 Speedline Node.js 模組來針對每個幀（frame）所載入的畫面來計算完成度並產生 SI 的分數。

基本概念

概念示意圖如圖 10-1，由於 SI 是測量視覺的流暢性，也就是內容在視覺上有多快能呈現在使用者面前，因此是計算隨著時間推演，還剩下多少未完成的比率的總和，也就是圖中上半區域部份。

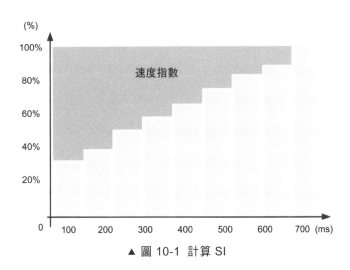

▲ 圖 10-1 計算 SI

舉例來說，若有兩個網頁——網頁 1 與網頁 2 ，其載入進度分別如表 10-1 與表 10-2 所示，網頁 1 的載入過程是從一開始的緩慢（約 10 ％）突然進展到 55 ％ 再快速到達 100 ％（如表 10-1）；相較於網頁 2 是漸進的持續載入約 10 ％。其中每一格代表 1 秒，約 10 秒載入完成（如表 10-2）。

表 10-1　網頁 1 的載入進度

秒數	1	2	3	4	5	6	7	8	9	10
進度	0 %	10 %	10 %	10 %	10 %	10 %	10 %	55 %	90 %	100 %

表 10-2　網頁 2 的載入進度

秒數	1	2	3	4	5	6	7	8	9	10
進度	0 %	10 %	20 %	30 %	40 %	50 %	65 %	78 %	95 %	100 %

經計算後：

- 網頁 1 的 SI 是 6500 毫秒，也就是 6.5 秒。
- 網頁 2 的 SI 是 5000 毫秒，也就是 5 秒。

網頁 2 的 5 秒小於網頁 1 的 6.5 秒，因此網頁 2 的載入過程較為流暢。

▍測量與檢視工具

SI 可被實地與模擬測量，但由於資料蒐集與計算過程較為繁瑣，因此大多使用 Lighthouse 模擬測量。

如圖 7-2，在 Lighthouse 的報告中，可在左方第二列看到「Speed Index」的資訊，在此圖中為 1.2 秒，是模擬的資料，遠低於良好的標準，因此推測使用者在 SI 上是經歷良好的體驗。Lighthouse 是利用 Speedline 來計算 SI，稍後會説明如何利用 Speedline 來計算 SI。

評估標準

SI 測量的是網頁載入過程中視覺上的流暢性，影響網頁載入流程的任一階段皆會影響流暢程度，導致出現類似凍結或卡頓的狀況。因此，若要提供良好的使用者體驗，網站必須將 SI 降至 3.4 秒以下（如表 10-3）。

表 10-3 SI 的評估標準

#	良好	待改善	差
SI	小於 3.4 秒	介於 3.4 ~ 5.8 秒	大於 5.8 秒

優化方向

改善網頁載入速度即可改善 SI，例如：降低瀏覽器主執行緒的工作負荷、減少 JavaScript 程式碼的執行時間、網頁字體載入前能確保文字的顯示等。

‖ 利用 **Speedline** 來計算 **SI**

步驟：

步驟 1：利用 ChromeDev Tools 的 Performance 頁籤。

▸ 打開「Screenshots」選項。

▸ 錄製網頁載入的效能。

▸ 錄製完畢後，另存為 JSON 檔。

步驟 2： 安 裝 Speedline， 使 用 yarn add global speedline 或 npm install -g speedline 皆可。

步驟 3： 在 CLI 工 具 輸 入 指 令 speedline [your_file_name].json --pretty，「your_file_name」表示前步驟 1 錄製的效能報告檔案，選項 pretty 表示以圖表呈現。

範例 1：Pinkoi 商品頁

利用 ChromeDev Tools 的 Performance 頁籤錄製此網頁 https://www. pinkoi.com/product/BYs87fvT（如圖 10-2）的網頁載入的效能，接著將其資訊下載為 profile.json。

▲ 圖 10-2 Pinkoi 商品頁

在 CLI 工具輸入指令 speedline profile.json --pretty，即可看到此網頁在載入階段的視覺上顯示的速度（註 1）。x 軸表示經過的時間（單位為 ms），y 軸表示畫面完成的百分比（如圖 10-3）。

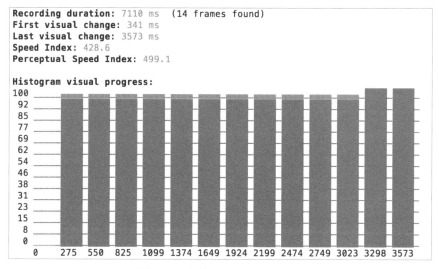

▲ 圖 10-3 計算 Pinkoi 商品頁的 SI

使用者能很快看到畫面外，在渲染的過程中並無卡頓導致進度緩慢的問題，十分流暢！相信使用者對於整體的感受是滿意的。

範例 2：露天拍賣桌機版首頁

另外再來看一個範例，利用 ChromeDev Tools 的 Performance 頁籤錄製露天拍賣桌機版首頁 https://www.ruten.com.tw/（如圖 10-4）的網頁載入的效能。

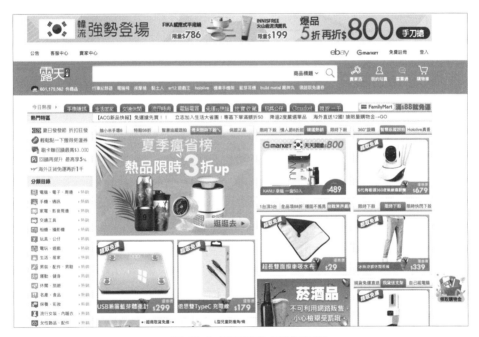

▲ 圖 10-4 露天拍賣桌機版首頁

接著將其資訊下載為 profile.json，使用指令 speedline profile.json --pretty，查看此網頁在載入階段的視覺上顯示的速度。

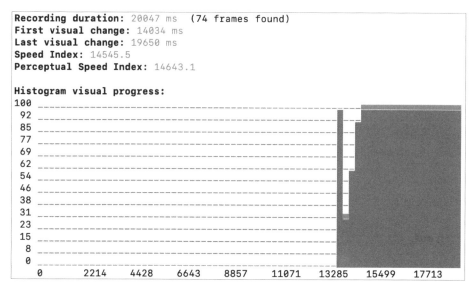

```
Recording duration: 20047 ms   (74 frames found)
First visual change: 14034 ms
Last visual change: 19650 ms
Speed Index: 14545.5
Perceptual Speed Index: 14643.1

Histogram visual progress:
```

▲ 圖 10-5 計算露天拍賣桌機版首頁的 SI

　　如圖 10-5 所示，在這裡會看到似乎在接近完成時，突然之間完成百分比下降至 31%，然後再逐漸完成畫面的顯示。這往往是因為隨著資源載入而重繪，導致與最後完成的畫面差異甚大，而完成度突然驟降的結果。

▍本章回顧

- 速度指數（speed index，簡稱 SI）是用來衡量網頁載入期間，內容在視覺上有多快能呈現在使用者面前，簡言之即是視覺上的「流暢性」。

- SI 可被實地與模擬測量，但由於資料蒐集與計算過程較為繁瑣，因此大多使用 Lighthouse 模擬測量。

■ 若希望達到良好的標準，SI 建議應低於 3.4 秒。

■ SI 的產生方式是利用瀏覽器的工具來錄製影片，再用 Speedline Node.js 模組來針對每個幀（frame）所載入的畫面來計算完成度並產生 SI 的分數。

註 1：這裡由於是利用 ChromeDev Tools 的 Performance 頁籤來錄製效能資訊，而錄製往往耗費瀏覽器大量資源，因此分析出來的資訊會比實際網頁的載入效能略差。

NOTE

11
Chapter

累計版位配置位移
（Cumulative
Layout Shift）

　　在網頁的操作上常見版位移動而影響使用者操作的情況，如圖 11-1 所示，在確認訂閱電子報的網頁中，從天而降的廣告讓使用者意外的誤觸而跳離原本預期的操作，進入到廣告網頁。這就是本章要來談論的「累計版位配置位移」的問題。

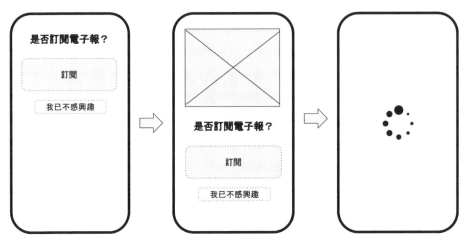

▲ 圖 11-1　使用者誤觸不預期的元件

　　累計版位配置位移（cumulative layout shift，簡稱 CLS）是指測量在網頁存活期間，每個可見元素位移分數的總和。

　　CLS 的算法是找出可視範圍內個別元素最大的影響範圍和最大的位移比例之總和（註 1），如圖 11-2 所示，一開始有兩個圖文區塊，然後廣告出現了，把第二個圖文區塊擠下去。因此最大的影響範圍即是圖右側外框的部份，大約佔總面積的 2/3，最大的位移比例是箭號的位移距離，大約佔高度的 1/3。

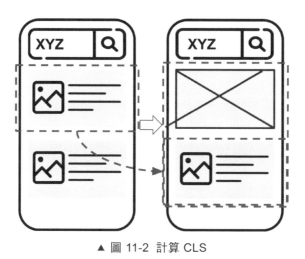

▲ 圖 11-2 計算 CLS

影響範圍比例 = 影響面積 / 總面積 = 2/3

位移比例 = 位移距離 / 總距離 = 1/3

CLS = 影響範圍比例 * 位移比例 = 2/3 * 1/3 = 2/9 ～ 0.22

測量與檢視工具

CLS 皆可被實地與模擬測量，因此 PSI、Lighthouse、Web Vitals Chrome Extension 和 Chrome DevTools Performance Timeline 都可測量與檢視 CLS。

評估標準

若希望達到良好的標準，CLS 建議應低於 0.1（如表 11-1）。

表 11-1 CLS 的評估標準

#	良好	待改善	差
CLS	小於 0.1	介於 0.1 ~ 0.25	大於 0.25

優化方向

造成視覺不穩定的因素主要是：

- 沒有設定明確尺寸的圖檔、動態載入廣告、影片或其他內容。
- 動態載入元件但未預留足夠空間。
- FOIT / FOUT。

可調整為載入適當尺寸的內容、預留足夠空間與預先載入資源等解法，以避免不預期的版位移動。

範例：為圖檔設定明確的尺寸比例

由於沒有設定明確尺寸的圖檔會導致在圖片載入後推擠網頁上的其他元素，造成版位移動，因此必須為圖片預留適當的空間。過去常用的解法有：

1. 設定 <img> 的屬性寬（width）與高（height）。圖檔在載入後會依照設定延展寬與高，若圖檔實際尺寸並非如此，那麼看起來就會很奇怪；並且，隨著響應式網頁的興起，這樣的設定方式難以符合多變的版面配置需求。

2. 利用 CSS 設定 `img { width: 100%; height: auto;}` 或 `img { max-width: 100%; height: auto;}`，這樣的設定方式必須等到 CSS 樣式被讀取到才會生效，在此之前，圖檔的載入仍會造成版位移動。類似的作法還有 vw / vh、CSS position 與 flex 等（註 2）。

現在，更好的解法是採用 aspect-ratio！

由於瀏覽器會自動幫 <img> 標籤加上屬性 aspect-ratio，讓開發者經由設定 <img> 的 width 與 height，瀏覽器便可自動計算此圖檔的縮放比例而縮放，放置於預先設定好的容器裡面。如範例（請見 https://codepen.io/cythilya/pen/bGReKgG）所示，簡單設定圖檔的 width / height 比例為 1:1，容器（在此為 .container）為 600 px * 600 px，圖檔載入後即會符合此容器大小。由於已知圖檔長寬比例與容器寬度，因此瀏覽器便能提早知道容器高度而預留足夠的空間，避免之後圖檔載入後造成版位移動問題，同時解決上述 1 與 2 的問題。注意，目前除了 IE 之外，大多瀏覽器皆支援此屬性。

範例：FOIT / FOUT

字體檔案的體積通常很大，下載時間較長，因此瀏覽器對於字體載入各有其應對方法。目前主流的瀏覽器對於字體載入的策略分為 FOIT（flash of invisible text）與 FOUT（flash of unstyled text）兩種，都會造成 CLS 問題：

- FOIT：字體檔案載入完成前，在畫面上看不到文字內容；字體檔案載入完成後，才會顯示文字內容（如圖 11-3 上部份）。

- FOUT：字體檔案載入完成前，在畫面上看到的文字內容會以系統預設字體顯示；字體檔案載入完成後，切換顯示為載入的字體（如圖 11-3 下部份）。

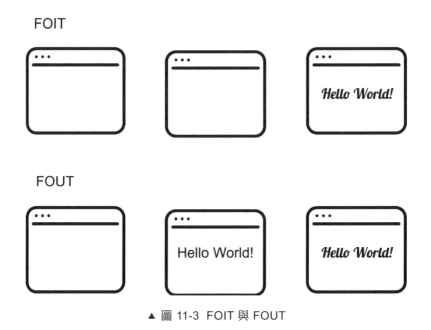

▲ 圖 11-3 FOIT 與 FOUT

在本範例中是以 Chrome 為測試的瀏覽器，而 Chrome 在下載客製化的字型檔完成前，會試圖等待 3 秒，而在這 3 秒文字內容區塊會是空白的，若在 3 秒內下載完成，則使用客製化字體顯示文字內容；否則就以系統預設字體顯示，因此是 FOIT 與 FOUT 的狀況都會存在。其他瀏覽器則有各自的字體載入策略。

為了儘量統一跨瀏覽器的文字內容顯示的體驗，並且 FOUT 對於使用者來說是較早能看到內容的，因此採取的策略是若客製化字體尚未載入完成，以系統預設字體顯示文字內容，待載入成功再做切換；並且使用 preload 來要求瀏覽器預先載入，以加快下載的速度，減緩 FOIT / FOUT 的問題（註 4）。

🎇 **Tips**

推薦的解法是利用 font-display: optional，在字型檔下載完成之前先不顯示文字內容 (FOUT)，若超過等待時間則使用系統預設的字體，而下載完成後不做切換，這樣即可避免 CLS；而字型檔在下載成功並快取後，可確保下一次瀏覽時是使用這樣的字體顯示的。

這裡有一個簡單的範例，啟動專案的步驟如下：

- 移動到 cls-foit 資料夾：cd cls-foit（劇透：優化完成後的結果在 cls-foit-optimized 資料夾）。
- 安裝相關檔案：yarn。
- 以開發模式啟動專案：yarn start。
- 打開 http://localhost:3000/ 即可看到如圖 11-4 的範例網站。

▲ 圖 11-4 範例網站

讓我們先來用 Lighthouse 檢視這個範例網站。

改善前

使用 Chrome DevTools 中的 Lighthouse 頁籤檢視桌機的效能狀態，由報告可知 TTI 和 CLS 有待加強。

桌機的效能狀況整理如表 11-2。

表 11-2 改善前桌機的效能狀況

#	改進前	目標
FCP	0.9 秒	小於 1.8 秒
LCP	1.1 秒	小於 2.5 秒
TTI	4.8 秒	小於 5 秒
TBT	40 ms	小於 300 ms
SI	1 秒	小於 3.4 秒
CLS	0.113	小於 0.1

整理與 CLS 相關的待改進的建議與診斷如表 11-3，對照範例中的程式碼，則可列出實作項目，以下將詳細說明。

表 11-3 CLS 相關的待改進建議與診斷

#	待改進的項目	說明
1	Ensure text remains visible during webfont load	FOIT / FOUT

改善中

關於 FOIT / FOUT 解法，如前面所述：

- 若客製化字體尚未載入完成，以系統預設字體顯示文字內容，待載入成功再做切換，意即利用 `font-display: swap` 切換系統預設字體與客製化字體。

```
@font-face {
  font-family: 'Noto_Sans_TC';
  src: url('NotoSansTC-Regular.otf') format('opentype');
  font-display: swap;
}
```

- 使用 preload 來要求瀏覽器預先載入，以加快下載的速度，減緩
  FOIT / FOUT 的問題。

```
<link rel="preload" href="..." as="font" type="font/otf" crossorigin />
```

改善後

再次使用 Lighthouse 檢測改善後的狀況，桌機的效能改善後狀況整
理如表 11-4，改善 FOIT/FOUT 同時可改善 CLS 與 SI。

表 11-4 改善後桌機的效能狀況

#	改進前	目標	改進後
FCP	0.9 秒	小於 1.8 秒	0.7 秒
LCP	1.1 秒	小於 2.5 秒	0.9 秒
TTI	4.8 秒	小於 5 秒	1.4 秒
TBT	40 ms	小於 300 ms	20 秒
SI	1 秒	小於 3.4 秒	0.8 秒
CLS	0.113	小於 0.1	0.108 秒

▍範例：無限滾動

　　無限滾動（infinite scroll）是一種常見的載入策略，當使用者往下捲動畫面時，在背景自動讀取更多資料並更新到畫面上。與過去的頁碼或是「看更多」按鈕必須由使用者手動觸發取得資料的方式有所不同（如圖 11-5）。

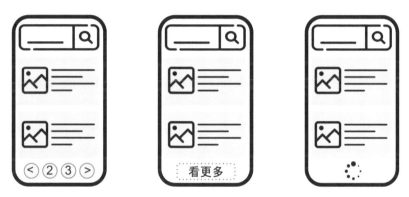

▲ 圖 11-5　不同的載入策略：頁碼、看更多、無限滾動

　　無限滾動的設計廣泛應用在社群等各類網站，當使用者往下捲動畫面時，會自動載入更多的內容並顯示在畫面上，這樣的模式雖然與頁碼或「看更多」按鈕的功能類似，但使用者不需要在意目前位於哪個網頁，或不需要中斷瀏覽而能持續閱讀，有助於增加黏著程度。然而，頁碼與「看更多」按鈕仍有各自的功用。頁碼有特定的網址而有助於 SEO、可及性（accessibility）、易於與親友分享資訊和回到先前的位置；置於頁尾的「看更多」按鈕則有助於讓使用者喘口氣、暫停一下，來決定是否要載入更多內容。

雖然無限滾動的載入模式能讓使用者的瀏覽體驗更好，但由於更新的內容會不斷將先前的內容往下推移，因此造成元件移動的狀況，例如：footer 在內容載入期間在可視範圍一閃而過，導致在視覺上穩定度不夠，也就是 CLS 的值偏高。反觀「看更多」按鈕，由於是使用者操作元件導致版位移動，而這樣的移動是可預期的（註 3），只要在 500 ms 內完成反應，都不會被計算在 CLS 之內，因此 CLS 的值較低。注意，CLS 計算的是網頁存活期間所有元素位移的總和，因此就算是資源載入完成，使用者與元件互動所造成的版塊位移，仍會影響 CLS 的值。因此，在測量 CLS 上，就必須使用能即時偵測效能的工具，推薦使用 Web Vitals Chrome Extension 或 Chrome DevTools。

為了讓使用者的瀏覽體驗更好，減少往下捲動畫面時的等待時間，可預留足夠的空間（若無法準確預估，至少能減緩影響）或佔位元素以等待更新內容，或預先取得資料（prefetch），都可以減少不預期的元素位移。

這裡有一個無限滾動的簡單範例，啟動專案的步驟如下

- 移動到 cls-infinite-scroll 資料夾：cd cls-infinite-scroll（劇透：優化完成後的結果在 cls-infinite-scroll-optimized 資料夾）。
- 安裝相關檔案：yarn。
- 以開發模式啟動專案：yarn start。
- 打開 http://localhost:3000/ 便可看到如圖 11-4 的範例網站。

讓我們先來用 Lighthouse 檢視這個範例網站。

改善前

使用 Chrome DevTools 中的 Lighthouse 頁籤檢視桌機的效能狀態，由報告可知 TTI 和 CLS 有待加強。

桌機的效能狀況整理如表 11-5。

表 11-5　改善前桌機的效能狀況

#	改進前	目標
FCP	0.8 秒	小於 1.8 秒
LCP	0.9 秒	小於 2.5 秒
TTI	2 秒	小於 5 秒
TBT	10 ms	小於 300 ms
SI	2.4 秒	小於 3.4 秒
CLS	0.211	小於 0.1

整理與 CLS 相關的待改進的建議與診斷如表 11-6，對照範例中的程式碼，則可列出實作項目，以下將詳細說明。

表 11-6　CLS 相關的待改進建議與診斷

#	待改進的項目	說明
1	Image elements do not have explicit width and height	圖檔應設定寬高
2	Avoid large layout shifts	避免元素移動大量的距離

改善中

在持續往下滾動以瀏覽畫面同時，利用 ChromeDev Tools 的 Performance 工具查看是哪一個元件造成 CLS（如圖 11-6、圖 11-7）。

▲ 圖 11-6 ChromeDev Tools 的 Performance 工具提示移動的元素

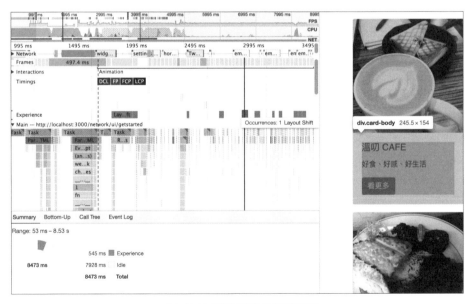

▲ 圖 11-7 移動元素的細節資訊

如圖 11-8 點擊每一個 CLS 的區塊可看到細節，其中一個造成 CLS 值較大的原因是每一張卡片的圖片在載入後，下方的文字說明區塊被移動。

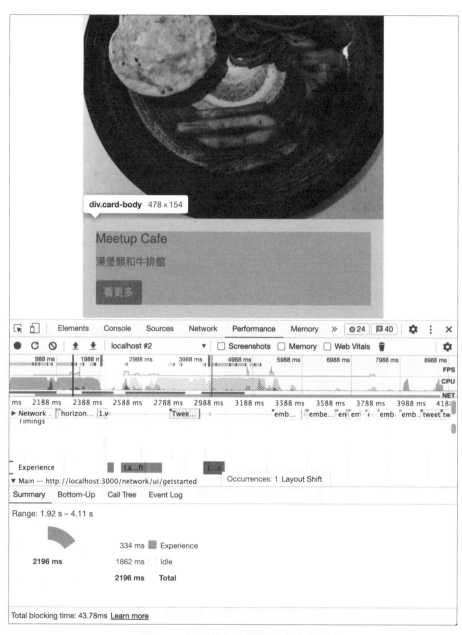

▲ 圖 11-8　圖檔載入後推移下方文字區塊

還有位於底端的推特（Twitter）貼文區塊，當載入新的卡片時，推特貼文就會往下推移。

解法如下：

- 在使用者滾動網頁前，為即將載入的內容預先保留足夠的空間。這可經由實作 Skeleton Placeholder 來達成，也就是說，當取得資料完成前，先用 Skeleton Placeholder 佔位，接著再渲染這一塊的內容。

- 移除 footer 這類在網頁底部的元件，這樣就不會被後來載入的內容不斷推到下方，可以限制對 CLS 的影響。這對使用者體驗來說也是好的，畢竟每一次推移都會讓使用者無法順利閱讀該區塊內容。

- 預先取得在可視範圍外的資料，這樣當使用者移動到該區塊時，這些內容都已經存在了。Instagram 在這樣的實作下讓其有很棒的效果，幾乎沒有元素不預期位移狀況，CLS 趨近為 0。

經過以上三點調整後，順利解決 CLS 的問題（註 5）。

改善後

再次使用 Lighthouse 檢測改善後的狀況，桌機的效能改善後狀況整理如表 11-7。

表 11-7 改善後桌機的效能狀況

#	改進前	目標	改進後
FCP	0.8 秒	小於 1.8 秒	0.7 秒
LCP	0.9 秒	小於 2.5 秒	0.9 秒
TTI	2 秒	小於 5 秒	1.6 秒
TBT	10 ms	小於 300 ms	20 ms
SI	2.4 秒	小於 3.4 秒	0.8 秒
CLS	0.211	小於 0.1	0

本章回顧

- 累計版位配置位移（cumulative layout shift，簡稱 CLS）是指測量在網頁存活期間，每個可見元素位移分數的總和。

- CLS 皆可被實地與模擬測量，因此 PSI、Lighthouse、Web Vitals Chrome Extension 和 Chrome DevTools Performance Timeline 都可測量與檢視 CLS。

- 若希望達到良好的標準，CLS 建議應低於 0.1。

- 造成視覺不穩定的因素主要是圖檔、經由網路請求得到資料後動態載入元件、嵌入式內容（例如：動態載入廣告、影片或其他內容）等，可調整為載入適當尺寸的圖片或預留足夠空間等解法，以避免不預期的版位移動。

註 1：CLS 統計的是在網頁整個存活期間，每個可見元素位移分數的總和，因此對於打開時間較久的網頁是比較不公平的，尤其是：

（1）使用無限滾動來動態新增內容。

（2）使用者與網頁元件互動後，網頁更新的反應時間超過 500 ms 的狀況下特別顯著。

雖然開發者應致力於改善以上狀況，但 Google 對於 CLS 的計算方式做了些許調整。過去是單純將網頁所有元素的位移總和相加，而更新為將同一時間區段內的元素位移視為一組（session window），取個別 session window 內總和最大值為此網頁的 CLS。並且，每個 session window 最多是 5 秒，若間隔 1 秒內無任何元素位移，則結束此 session window。

例如：網頁載入後，分別在 100 ms 時 A 元素發生 LS（layout shift）為 0.5，在 500 ms 時 B 元素發生 LS 為 0.2，在 2 秒時 C 元素發生 LS 為 0.3，那麼此網頁的 session window 可分為兩組，A 與 B 為一組（CLS 為 0.5 + 0.2 = 0.7），由於 B 與 C 間隔超過 1 秒，因此 C 為單獨一組（CLS 為 0.3），取兩組之最大值（0.7 > 0.3），因此網頁的 CLS 為 0.7。此調整在 2021 年 6 月生效。

註 2：vw / vh 範 例 請 見 https://codepen.io/cythilya/pen/GREqBEq；CSS position 範 例 請 見 https://codepen.io/cythilya/pen/WNOxKWJ；flex 範例請見 https://codepen.io/cythilya/pen/mdwEjpE。

註 3：經由使用者輸入（點擊、打字、縮放視窗大小）而產生的版面移動，若這樣的移動在 500 ms 以內完成，就會看待為是可預期的行為，而不會被計算在 CLS 之內。然而，scroll 並非使用者輸入，因此會影響 CLS 的值。

註 4：相關的解法還有使用 Font Face Observer 等。

註 5：相關的解法還有使用 react-window 與 react-window-infinite-loader、content-visibility 等。

NOTE

搜尋引擎優化
（SEO）與網站指標

　　搜尋引擎優化（SEO）是指針對搜尋結果頁（search result page）的排名來優化網站或網頁，這些影響排名的因素稱為排名因子（ranking factor），排名因子有良好的內容與關鍵字、網頁結構、圖文、對機器人好爬、對內與對外連結的數量與品質、網站效能、支援行動裝置等。從 2021 年開始，Google 的排名因子加入 CWV 作為評斷排名的標準之一。

　　在執行搜尋引擎優化的工作時，會以 Search Console 為主要工具，因此在本章會以 Search Console 為主要檢視與除錯的工具。Search Console 的資料來源是來自 CrUX 的實地資料，這是由於自然搜尋（organic search）的流量必定是由真實世界的使用者經由 Google 搜尋、點擊搜尋結果頁的連結而產生的。注意，由於資料是來自 CrUX，因此網站若有任何變更，都需要等待一段時間後才能在 Search Console 上看到成效。

▍利用 Search Console 檢視核心網站指標

　　打開 Search Console 的核心網站指標報告，可見到分為桌機（desktop）與行動裝置（mobile）兩部份，點選任一部份都可閱讀其細節。如圖 12-1，此範例網站的行動裝置部份被檢測出有 114 個良好品質的網頁、0 個待改進的網頁與 0 個品質不佳的網頁。

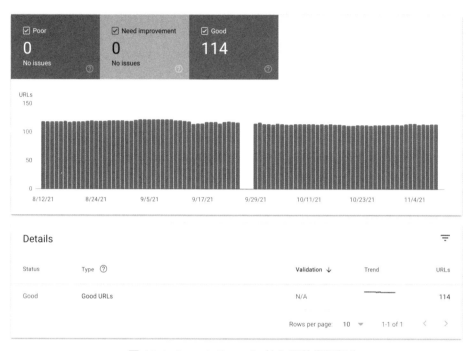

▲ 圖 12-1 Search Console 核心網站指標報告

　　點擊「Details」所列的任一項目，即可看到取樣的範例網址（如圖 12-2）與待改進的問題，而在細部上到底要怎麼改進，建議參考第 4 章的圖 4-13 其中探討如何結合工具與工作流程所提到的 PSI、Lighthouse 與 Chrome DevTools，利用這些工具來確認問題、實作、除錯與驗證。改善完畢並上線後再回到此頁，按下按鈕「VALIDATE FIX」標記問題已修復，等待 Search Console 的驗證與回應。

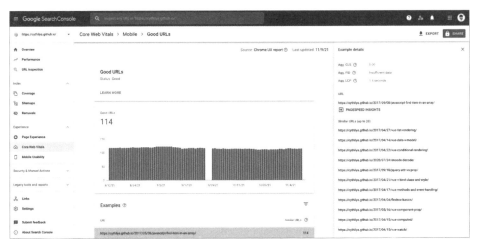

▲ 圖 12-2 核心網站指標報告的範例網址與待改進的問題

　　大致了解了 SEO、CWV 的定義與 Search Console 的使用方式後，那麼，CWV 之於 SEO 的意義是什麼？

流量來自於具有良好品質的網頁

　　打開 Search Console 可見到網頁體驗（page experience）報告，在這裡以我的網站「Summer。桑莫。夏天」為例。

　　好的網址 (Good URLs) 是指符合以下條件的網頁：

（1）來自行動裝置的瀏覽。

（2）無 CWV 問題。

（3）無行動裝置易用性問題。

　　而曝光數（Total impressions of good URLs）是指所謂「好的網址」被搜尋到的總次數。

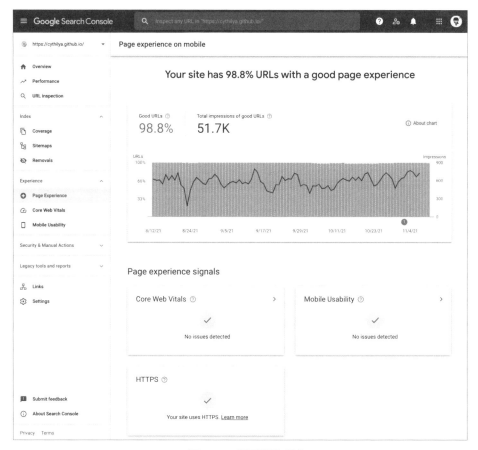

▲ 圖 12-3　網頁體驗報告

　　如圖 12-3 網頁體驗報告所示，在 2021/08/12 至 11/4 經過 Search Console 判定有 98.8% 的網址是良好的，並且在這些良好的網頁中，在 Google 的搜尋結果頁的曝光次數為 51.7K。在這樣的報告中，可看到是通過良好的標準才具有曝光的價值，也就是說具有良好品質的網頁才有資格成為落點頁（landing page）。因此，若想讓網頁提高曝光率，依照網站指標來改善網頁品質、提升使用者體驗是絕對必要的（如圖 12-4）。

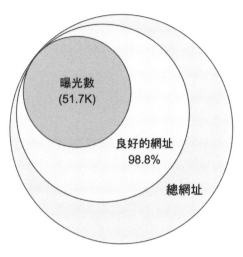

▲ 圖 12-4 流量來自於具有良好品質的網頁

範例：改善核心網站指標

以我的網站「Summer。桑莫。夏天」為改善範例。

改善前

為了改善 CWV 問題，先以 PSI 來做檢測，基本上都還算是優良。

以 PSI 測量桌機與行動裝置的指標資訊如表 12-1。

表 12-1 改善前桌機與行動裝置的效能狀況

#	桌機	行動裝置
LCP	1.1 秒	1.5 秒
FID	2 ms	-
CLS	0.04	0

整理桌機與行動裝置待改進的建議與診斷和實際解法如表 12-2。

表 12-2 桌機與行動裝置待改進的建議與診斷和解法

#	待改進的項目	解法
1	避免檔案間的相依呼叫	參考第 6 章「禁止轉譯的資源」
2	降低網路請求數量並減少傳輸大小	參考第 6 章「禁止轉譯的資源」、「資源載入速度過慢」
3	避免長時間佔用主執行緒的任務	參考第 9 章「減少 JavaScript 程式碼的執行時間」
4	避免大量版面配置位移	參考第 11 章「無限滾動 (Infinite Scroll)」
5	確認載入字型檔前文字不會消失	參考第 11 章「範例：FOIT / FOUT 」

改善後

以 PSI 測量桌機與行動裝置的指標資訊如表 12-3。

表 12-3 改善後桌機與行動裝置的效能狀況

#	桌機		行動裝置	
	改善前	改善後	改善前	改善後
LCP	1.1 秒	1.2 秒	1.5 秒	1.4 秒
FID	2 ms	2 ms	-	-
CLS	0.04	0.04	0	0

▍範例：改善行動裝置易用性

以我的網站「Summer。桑莫。夏天」為改善範例。

改善前

除了改善 CWV 的相關議題外，先前提到具有良好品質的網頁必須無行動裝置易用性問題——檢視 Seach Console「行動裝置易用性」（mobile usability）的報告，會列出目前網站關於行動裝置易用性的問題，如圖 12-5 所示，可調整的項目有「可點擊的元件彼此太靠近」（Clickable elements too close together）、「文字字體太小，難以閱讀」（Text too small to read）、「內容寬度大於螢幕」（Content wider than screen），以下一一做調整。

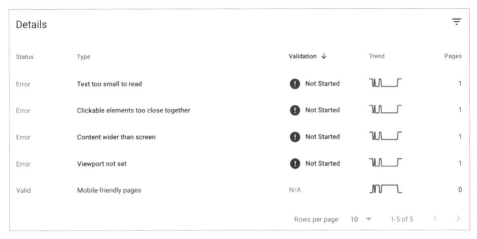

▲ 圖 12-5 Seach Console 行動裝置易用性報告

可點擊的元件彼此太靠近

　　點擊項目「可點擊的元件彼此太靠近」（Clickable elements too close together）看詳細資料 (如圖 12-6)。

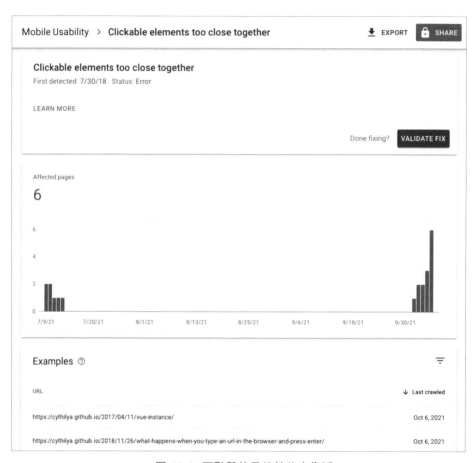

▲ 圖 12-6 可點擊的元件彼此太靠近

　　打開右側側邊欄的「TEST LIVE PAGE」頁面，觀察應是標籤列表的連結彼此靠得太近，因此加大間格來做改善（如圖 12-7）。這裡 line-height 原本設定為預設字體大小的 1.5 倍（16px * 1.5 = 24px），根據 Google 官方建議，在行動裝置上，元素長寬各為 48px 是較為適合點擊操作的，而在部落格的標籤連結字體高度與彼此的間距只有 24px。因此從設計開始改善，讓每個標籤元素增高之外，也增加彼此的距離，意即讓每個元素高度增為 34px，間隔 15px。

▲ 圖 12-7 利用 TEST LIVE PAGE 觀察如何改善網頁

　　修改完後記得按下「VALIDATE FIX」或「TEST LIVE URL」按鈕，重新驗證（如圖 12-8）。

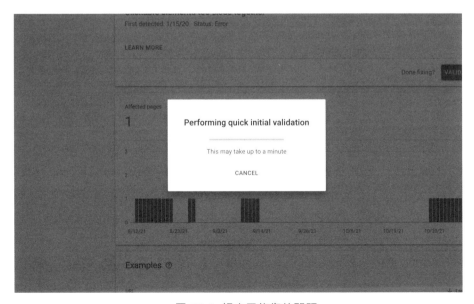

▲ 圖 12-8 提交已修復的問題

關於其他項目 ...

- 針對「文字字體太小，難以閱讀」（Text too small to read），官方建議行動裝置的主要內容的網頁字體至少需 16px。

- 針對「內容寬度大於螢幕」（Content wider than screen），由於排版緣故可能導致網頁內容超過預設寬度，可利用樣式強制斷行。

改善後

以 Lighthouse 確認是否正確的修正問題，行動裝置版的測試結果如圖 12-9。

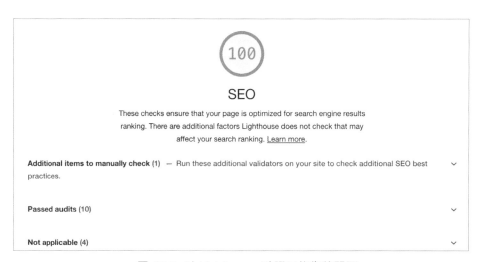

▲ 圖 12-9 以 Lighthouse 驗證已修復的問題

修改完成並提交驗證，若想知道驗證狀態可查看行動裝置易用性的
報告（如圖 12-10）。

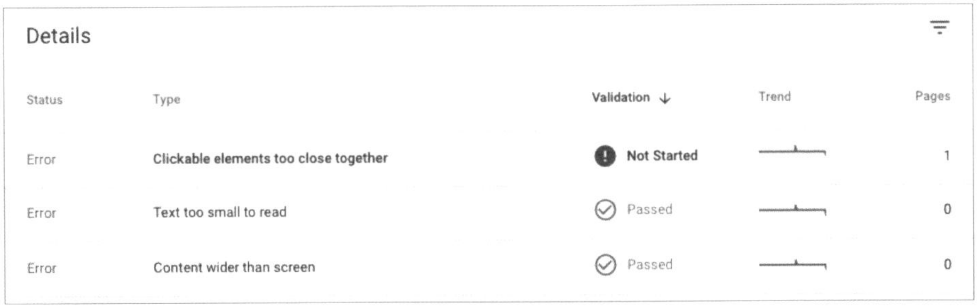

▲ 圖 12-10 查看驗證狀態

驗證完成後會收到一封信，告知驗證結果（如圖 12-11）。

▲ 圖 12-11 驗證成功的通知信

工作流程

整理以上的工作流程為四個步驟：

1. Search Console 主動通知需要關注和解決的問題。

2. 開發者經由 Search Console 所列出的範例網址來了解目前狀況與可能的原因。

3. 開發者經由模擬工具（例如：Lighthouse）和 ChromeDev Tools 來重現問題、除錯、改善與確認成效，這個過程可能需要來回多次，直到問題解決即可更新正式環境。

4. 更新正式環境後，開發者至 Search Console 標記問題已修復，等待 Search Console 的驗證與回應。

總結

經由改善核心網站指標與行動裝置易用性可知：

- 在改善任何問題前，先排定網頁的優先順序，愈是重要的網頁愈優先處理。

- 由於 LCP、FID 與 CLS 分別代表了使用者體驗網站的不同面向，因此依照這三個指標來做改善，對於提升使用者體驗是一定會有幫助的；否則再好的內容，都可能會因為體驗不佳而導致使用者失去耐心、放棄瀏覽網頁或造訪網站。

在 2010 年，Google 在官方的部落格宣布網站速度（site-speed）為搜尋排名因子之一，而在 2014 年的 Searchmetrics 所發表的 Ranking-Factors 2014 報告中，強調了使用者的動向 (user signals)——點擊率（click-through rate）、停留時間（time on site）與跳出率（bounce rate）。對照現今的網站指標所強調的載入速度、互動性、視覺穩定性與流暢性來看，並非原創的新觀念，只是過去埋藏在眾多因素當中，而目前在 Search Console 中被獨立成核心網站指標與網頁體驗的報告而已。

因此，要做好搜尋引擎優化的工作，基本功不可少 —— 好的內容與關鍵字、良好的網頁結構（包含 meta data 的設定、正確使用 HTML 標籤）、圖文並茂、對機器人好爬（包含 robots.txt、RSS、結構化資料、良好的網址結構等）、對內與對外連結、網站效能、支援行動裝置等，綜合以上才會是做好搜尋引擎優化的工作，進而能讓網站排名提升。

SEO 不只關乎網站體驗，但 SEO 是個好理由來改善網站體驗！

NOTE

13

Chapter

案例研討：趨勢科技
（**Trend Micro**）**Deep**
Discovery Director

以下這個案例會探討如何在有限的成本下，利用拆分程式碼（code splitting）與動態載入（dynamic import）的方式，來改善專案開發時的編譯速度與網頁載入效能。

背景

Deep Discovery Director（簡稱 DDD）是趨勢科技的產品，主要用於防禦網路攻擊，利用即時威脅檢測監控和關聯與視覺化呈現來掌握威脅的全貌。

在 DDD 專案中，在前端部份主要發現兩個問題：

- 第一，在開發期間，更新程式碼後的編譯過程非常費時，工程師需等待較長一段時間才能驗證是否符合期待。
- 第二，在載入效能上，瀏覽器一次載入較大量的程式碼，渲染畫面的時間較長，因此等待較長時間才能看到畫面、與元件互動。

因此，在本次改善上，希望能達到以下兩點目的：

- 在開發階段能減少程式碼的編譯時間。
- 在畫面的渲染上，減少載入程式碼的時間，即改善載入效能、改善 FCP 與 LCP。

現況

針對載入效能不佳的狀況，經由 Lighthouse 檢測後，發現以下問題：

- Serve static assets with an efficient cache policy.
- Minimize main-thread work and reduce JavaScript execution time.
- Avoid an excessive DOM.
- Avoid chaining critical requests.
- Keep request counts low and transfer sizes small.
- Avoid large layout shifts.
- Avoid long main-thread tasks.

可知第一要務是在於打包的檔案太大，導致網頁載入過多程式碼。而由於成本與成效考量，依照優先順序安排解法如下。

第一優先的任務：

- 優化打包檔案、切分程式碼。
- 動態載入。
- 函式庫升級，以期未來能用較為新穎的技術。

未來會排進時程的任務：

- 重構 HTML 與 CSS 結構。
- 避免重繪。
- 使用 web worker 做複雜的計算。
- 優化禁止轉譯的資源。
- 設定更好的快取機制。

而 DDD 的前端技術是以 React 15 為基礎來架構的，因此在改善上是有限制，較為新穎的技術（例如：React.lazy）是無法使用的。

使用的改善策略是：

- 設定 Webpack 的設定檔（config）來針對 route 切分為不同的 chunk 與共用的 chunk。

- 在畫面載入時除了載入共用與目前所在的 route 所需要的 chunk 之外，其他部份的程式碼會依照使用者瀏覽不同頁面時再動態載入。

接下來的內容會來探討如何利用拆分程式碼與動態載入的方式改善效能。意即，將原本打包成一大包的程式碼，以基於路由的方式拆分，再依照需求動態載入需要用到的程式碼。

基於路由的方式拆分程式碼

原先在 DDD 專案中，打包的檔案包含各頁會用到的程式碼，每次載入的檔案體積都非常大，嚴重影響載入效能，進而影響 FCP 與 LCP（如圖 13-1）。

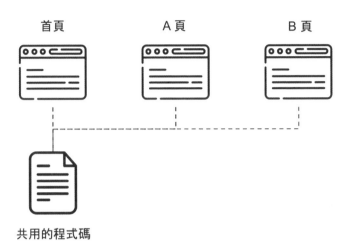

▲ 圖 13-1 優化前，下載的打包檔案往往包含當頁用不到的程式碼

　　拆分程式碼的方式有很多種，由於一方面希望使用者能有良好的體驗，一方面基於專案的架構狀況，因而採用了基於路由的方式拆分程式碼。如圖 13-2 所示，基於路由（route）的方式拆分程式碼（route-based code splitting）是指當頁只會載入此頁需要用到的 JavaScript 程式碼。

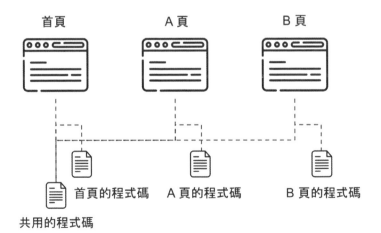

▲ 圖 13-2 優化後，下載的打包檔案只包含當頁與共用程式碼

範例如下，當使用者切換頁面時，預期點擊不同路由，才會動態載入該頁用到的模組。

```
<Route>
  <IndexRedirect to='/' />
  <Route path='/category' component={Category} />
  <Route path='/product/id' component={Product} />
</Route>
```

概念上，動態載入會是這樣實作。

```
import('page.js');
```

使用者在重新載入該頁面或切換到其他頁面時由於需要載入的程式碼變少，瀏覽器需要下載、解析與執行的程式碼相對較少，而能加快速度。

但是當要用到時才載入會用到的程式碼，會不會讓使用者等更久呢？答案是會的，需要再設定 prefetch 與 preload，預先載入即將用到的模組，這樣便能同時達到節省下載時間與量的成效。

▎利用 react-loadable 實作動態載入

前面提到，由於 DDD 的前端技術是以 React 15 為基礎來架構的，因此在改善上是有限制，較為新穎的技術（例如：React.lazy）是無法使用的，在這裡利用 react-loadable 來實作動態載入。

改善前，專案用到的程式碼皆打包在一起成為一大包，因此 Dashboard 元件的程式碼皆會在畫面載入時一同載入。

```
import Dashboard from 'container/Dashboard';
```

改善後，利用 react-loadable 實作動態載入，由 Webpack 將 /*webpackChunkName: "dashboard.bundle" */ 與其後面的檔案位置，打包成單一檔案（註 1），作為之後動態載入之用。也就是說，只有當切換至 /dashboard 頁面時，才會載入該頁的 chunk dashboard.bundle.js。

```
const Dashboard = loadable({
  loader: () => import(/*webpackChunkName: "dashboard.bundle" */
'container/Dashboard'),
  loading: () => <div />,
});
```

▌成效

減少打包檔案大小

利用 Webpack Bundle Analyzer 檢視打包後的檔案大小（如圖 13-3）。

改善前，打包的檔案包含各頁會用到的程式碼，意即各頁往往會載入當前用不到的程式碼。

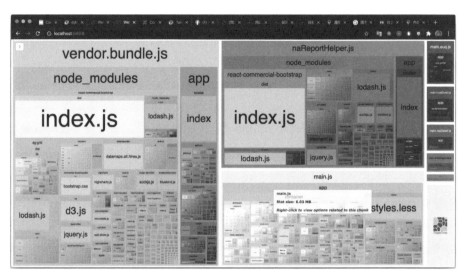

▲ 圖 13-3 利用 Webpack Bundle Analyzer 檢視優化前打包檔案大小

改善後，當頁只會載入本身會用到的程式碼，大大減少下載的程式碼大小（如圖 13-4）。

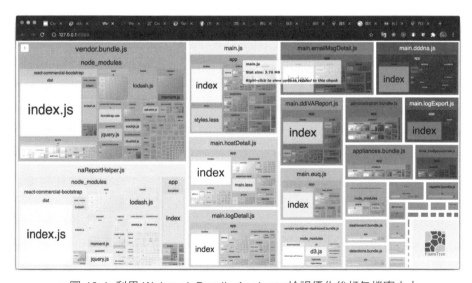

▲ 圖 13-4 利用 Webpack Bundle Analyzer 檢視優化後打包檔案大小

利用 ChromeDev Tools 的 Coverage 工具檢視首頁打包檔案的大小。再次強調，改善前，打包的檔案包含各頁會用到的程式碼，因此未使用到的程式碼高達 47.5 %；而改善後不但縮小其體積，並且降至 40.9 %（如表 13-1）。

表 13-1　改善前後打包檔案與未用到的程式碼的大小

#	改善前 (KB)	改善後 (KB)
Total JavaScript	2,304	1,758
Unused JavaScript	1,095	719

改善載入效能

本專案檢測的是 DDD 的首頁儀表板（dashboard），由於大多為資料呈現而非互動，因此檢視指標 FCP 與 LCP。

利用 Lighthouse 檢視各項指標資訊。

沒有 CPU throttling 與 network throttling 限制的模擬測試下，檢視改善前後的狀況（如表 13-2）。

表 13-2　改善前後桌機的效能狀況

#	改善前	改善後
Parse Script Time	159.375 ms	100.9 ms
Parse CSS & HTML Time	75.6 ms	13.9 ms
FCP	2.64 秒	2.48 秒
LCP	2.87 秒	2.66 秒

模擬使用者在較為接近現實的情況，如下，使用 CPU throttling 為 4 x slow down CPU、network throttling 為 150 ms TCP RTT、1,638.4 Kbps throughput 的模擬測試下，檢視改善前後的狀況。

示意如圖 13-5。

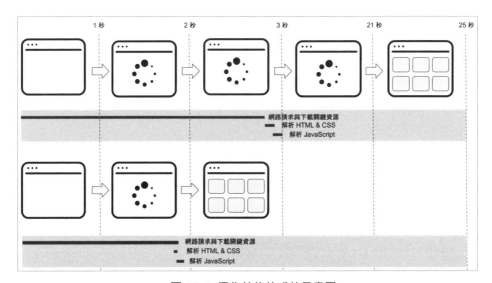

▲ 圖 13-5 優化前後的成效示意圖

實驗數據如表 13-3。

表 13-3 改善前後桌機的效能狀況（較為接近真實使用者）

#	改善前	改善後
Parse Script Time	483 ms	365.2 ms
Parse CSS & HTML Time	202.8 ms	80.1 ms
FCP	17.79 秒	11.55 秒
LCP	21.59 秒	16.48 秒

由於減少載入的程式碼體積，因此瀏覽器下載、解析與執行程式碼的時間也減少許多，有效改善載入效能，進而改善 FCP 與 LCP；並且由於編譯時間變短，同時鼓勵開發者投入更多成本來維護專案。

將效能改善加入工作流程

本專案除了改善 DDD 的效能之外，同時也實作 STM 系統，將效能改善加入工作流程。

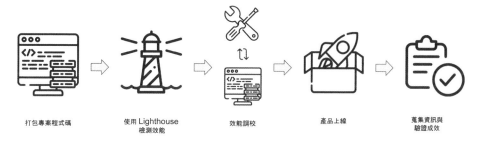

打包專案程式碼　　使用 Lighthouse　　效能調校　　產品上線　　蒐集資訊與
　　　　　　　　　檢測效能　　　　　　　　　　　　　　　　　　驗證成效

▲ 圖 13-6 將效能改善加入工作流程

如圖 13-6，工作流程為：

步驟 1： 打包專案程式碼。

步驟 2： 使用 Lighthouse CI 檢測效能。

步驟 3： 效能調校。

步驟 4： 產品上線。

步驟 5： 蒐集資訊與驗證成效。由於產品並非公開網站，因此不會使用 CrUX 蒐集資訊，而是經由現場（onsite）測試來驗證成效。

開發者將 Lighthouse CI 整合至 CI/CD 工具中，每週對專案中的特定頁面做效能檢測，並將報告發給相關工程師與安排改善任務，定期檢測以找出潛在的效能問題，避免上線後才發現重大缺陷。

在這過程中產品設計與開發團隊逐漸將「效能」成為整個開發流程中重要的考量點 ── 不論是在發想初期或是開發階段，並且在開發期間也可經由不斷測試與調整來改善該功能的效能，讓不同角色的人都能有更廣更好的溝通與了解。相較於傳統效能的調整與測試，網站指標更能凝聚不同角色的工作者的共識，給予「提升使用者體驗」的共同目標，在之後的功能更將效能調校加入必要的任務時程安排。

註 1：由於專案架構使用 Webpack 作為打包程式碼的工具，過去只會打包為一包主程式（main）與共用的靜態資源（vendor），在此 Webpack 將新增根據 route 要動態載入的 chunk。

14
Chapter

案例研討：
Mixtini

在 Mixtini 這個案例會探討：

- 以大圖或多圖構成的網站如何改善載入效能。
- 小流量與低成本的網站如何蒐集與觀察實地資料。

背景

Mixtini（https://mixtini-co.web.app）（如圖 14-1）是一個專注於推廣調酒與酒吧的線上服務網站，致力於建立一個統合的酒類社群（註 1、註 5）。

▲ 圖 14-1 Mixtini

現況

由於 Mixtini 的網站流量無法到達 CrUX 的顯示門檻，在此利用 Firebase 的效能監控報告，經過 Firebase 的資訊得知需要改善 FCP，改善前為 4.41 秒（如表 14-1、註 2）。若希望達到良好標準，FCP 應低於 1.8 秒。由於 Mixtini 的首頁以大圖並多圖的方式呈現，而首頁是使用者對此網站的第一印象，因此改善載入效能就成為當務之急。

表 14-1 改善前 Firebase 的 FCP 資訊

#	改進前
FCP	4.41 秒

使用 Chrome DevTools 的 Lighthouse 工具分別檢視桌機與行動裝置的效能狀態，由報告可知主要需改善的指標是 FCP 與 LCP（如表 14-2）。

表 14-2 改善前桌機與行動裝置的效能狀況

#	桌機	行動裝置
FCP	0.4 秒	2.6 秒
LCP	2.4 秒	14.2 秒

針對 FCP 與 LCP，接下來會以個別段落説明：

（1）儘早建立網路連線。

（2）圖檔優化。

（3）預先載入重要資源。

（4）FOIT/FOUT。

關於 FCP 與 LCP 優化相關資訊可參考本書第 6 章「最大內容繪製（Largest Contentful Paint）」。

儘早建立網路連線

由於 Mixtini 的圖檔主要存放在 Cloudinary (https://res.cloudinary.com)，並且使用 Google Fonts (https://fonts.googleapis.com)，為了儘早建立網路連線，會希望讓瀏覽器針對外連的網域利用 dns-prefetch 預先做 DNS 解析、preconnect 儘早建立連線。

響應式圖檔

在使用桌機瀏覽的狀況下，由於設備與搭配的網路通常效能較佳，因此下載檔案是快速的，不需等待太久，但解析度過高的圖檔往往體積大、人眼無法辨識差異，可考慮在高解析度圖檔與下載檔案之間做取捨；若使用行動裝置往往受限於有限的網路連線狀況，此時圖檔尺寸與格式變得關鍵，因此必須根據使用情境提供適當的圖檔尺寸與格式。

比較首頁大圖優化前後的差異。

優化前，桌機與行動裝置皆使用相同大尺寸的圖檔（cover.png），檔案體積大、下載時間長，這在多圖和行動裝置下往往變得難以接受（如表 14-3）。

表 14-3 桌機與行動裝置改善前圖檔尺寸、傳輸大小與下載時間

#	圖檔尺寸 (pixel)	傳輸大小	下載時間
桌機	1628 x 2440	1.6 MB	1.77 秒
行動裝置	1628 x 2440	1.6 MB	2.04 秒

優化後，桌機與行動裝置根據網站設計提供不同尺寸的圖檔（cover-desktop.png 與 cover-mobile.png），大大減低檔案體積與下載時間（如表14-4）。

表 14-4 桌機與行動裝置改善後圖檔尺寸、傳輸大小與下載時間

#	圖檔尺寸 (pixel)	傳輸大小	下載時間
桌機	630 x 954	45.3 KB	51 ms
行動裝置	315 x 450	15.3 KB	49 ms

使用 CDN 服務存放圖檔

CDN 除了提供使用者能就近伺服器下載檔案外，還提供能處理壓縮圖檔、提供適當尺寸的響應式圖檔和先進格式檔案的圖檔伺服器（image server），協助開發者有效改善載入效能。在這裡使用 Cloudinary 的服務，在專案中依照：

（1）桌機與行動裝置的尺寸。

（2）瀏覽器所能支援的格式。

（3）Cloudinary 所提供的壓縮比率來設定網址格式，設定完成後，即可依照這樣的網址格式讀取圖檔（註 4）。

如下網址範例所示，w_ 表示圖檔寬、q_ 表示壓縮比率並且使用格式.webp。

https://res.cloudinary.com/.../w_308,q_69/sample-image.webp

預先載入重要資源

使用 preload 下載重要大圖。

FOIT / FOUT

由於 Mixtini 使用 Google Fonts，因此若想要在客製化字體尚未載入前，使用系統預設的字體顯示文字內容，待客製化字體載入完成後，再切換使用該字體，則必須使用網址參數 &display=swap（註 6）。

圖檔設定明確尺寸

圖檔屬性加入 width 與 height，避免版位移動，增加 CLS。

成效

經過以上改善後，使用 Lighthouse 測試，在行動裝置下有顯著的進步，改善前後比較如表 14-5。

表 14-5 改善前後桌機與行動裝置的效能狀況

#	桌機		行動裝置	
	改善前	改善後	改善前	改善後
FCP	0.4 秒	0.7 秒	2.6 秒	1.9 秒
LCP	2.4 秒	1 秒	14.2 秒	4.5 秒

除了使用實地測量工具觀察真實使用者的操作狀況，檢視 Firebase
的效能監控的報告（如表 14-6），改善後的 FCP 為 1.63 秒（註 3），達到
低於 1.8 秒的良好標準。

表 14-6 改善前後 Firebase 的 FCP 資訊

#	改進前	改進後
FCP	4.41 秒	1.63 秒

‖ 總結

- 若網頁是以大圖或多圖構成，務必優化圖檔，以根據使用情境提供適
  合的圖檔，有助改善 FCP 與 LCP。並且，關於圖檔優化這件事情，最
  好在設計階段就要考慮進去，以降低日後重構的時間成本。

- CrUX 有流量門檻的限制，可使用其他 RUM 系統觀察產品長期走向與
  發掘潛在問題，在本例中使用 Firebase 的效能監控的報告來蒐集實地
  資料。

註 1：Mixtini 的 Instagram 為 https://www.instagram.com/mixtini.co，Facebook 為 https://www.facebook.com/mixtini。

註 2：記錄日期為 2021/08/18。

註 3：記錄日期為 2021/08/23。

註 4：Cloudinary 圖檔優化相關參數可在其 console 上設定，這樣便能依照各種需求來使用不同的圖檔，或串接 Cloudinary 所提供的 API 來自動處理。

註 5：關於 Mixtini 的效能優化紀錄可參考周聿軒（Sean Chou）的文章 - 加速網站效能 — 來理解圖片的優化吧！ https://bit.ly/2YlDY2Y。

註 6：由於 Mixtini 是直接使用 Google Fonts，因此並沒有對此做 preload 的優化。這是由於預先載入的 Google Fonts 並非字型，而是樣式，之後瀏覽器再從此樣式檔載入字型檔。未來會採用的可能解法有三種：

▶ 解法 1：預先載入此樣式檔後，瀏覽器再從此樣式檔載入字型檔。這樣的解法只有加速下載樣式檔，後續仍須等待瀏覽器發現字型檔後再下載。

▶ 解法 2：開發者先研讀樣式檔，找出字型檔的位置，並對此字型檔的位置做 preload。但若之後 Google 更新此字型檔的位置便會導致連結失效。

▶ 解法 3：下載此字型檔並放到自己的伺服器上，這樣即可免除解法 1 與 2 的問題。

15
Chapter

案例研討：露天拍賣 －
手機版網站商品頁問與答

在「露天拍賣 - 手機版網站商品頁問與答」這個案例會探討：

- 大型網站如何在產品開發流程中，利用網站指標並結合工具來改善效能。
- 將效能調校這樣的維護工作切成許多更小的工作來執行，並同時兼顧既有功能開發。

背景與現況

露天拍賣是台灣規模最大的 C2C 電商網站，這次來看「手機版商品頁的問與答」，在前端部份主要發現的問題是此頁面的 CLS 偏高，從 PSI 查看過去 28 天（註 1）此網域（https://m.ruten.com.tw）與網址（https://m.ruten.com.tw/goods/qa.php?g=21207202115553）的 CLS 資訊，大約分別在第 76 與 62 百分位以下的使用者位於良好體驗的區段，可得知有不少使用者在此頁面的視覺穩定性的體驗是不佳的。

以網域為單位如表 15-1 所示。

表 15-1　改善前行動裝置的效能狀況（以網域為單位）

#	改進前	分佈		
		良好	待改進	差
FCP	0.9 秒	94%	4%	2%
LCP	1.5 秒	92%	6%	2%
FID	16 ms	97%	3%	0
CLS	0.06	76%	5%	19%

以網址為單位如表 15-2 所示。

表 15-2 改善前行動裝置的效能狀況（以網址為單位）

#	改進前	分佈		
		良好	待改進	差
FCP	0.8 秒	97%	2%	1%
LCP	1.3 秒	96%	3%	1%
FID	13 ms	97%	2%	< 1%
CLS	0.36	62%	13%	25%

利用 Lighthouse 檢測該頁，整理行動裝置待改進的建議與診斷如表 15-3，得知除了版位移動的問題外，也發現使用者能與網頁互動的時間點是稍慢的。

表 15-3 待改進建議與診斷

#	待改進的項目	說明	相關指標	解法
1	Eliminate render-blocking resources	消除禁止轉譯的資源	FCP、LCP	參考第 6 章「禁止轉譯的資源」
2	Reduce unused CSS	移除用不到的 CSS 程式碼	FCP、LCP	參考第 6 章「禁止轉譯的資源」
3	Preconnect to required origins	儘早與第三方網域建立連線	FCP、LCP	參考第 6 章「儘早與第三方網域建立連線」
4	Avoid chaining critical requests	避免檔案間的相依呼叫	FCP、LCP	參考第 6 章「延後載入非關鍵資源」

#	待改進的項目	說明	相關指標	解法
5	Reduce unused JavaScript	移除用不到的 JavaScript 程式碼	LCP	參考第 6 章「禁止轉譯的資源」
6	Minimize main-thread work	減少主執行緒的負擔	TBT	參考第 9 章「減少 JavaScript 程式碼的執行時間」
7	Reduce JavaScript execution time	減少 JavaScript 程式碼的執行時間	TBT	參考第 9 章「減少 JavaScript 程式碼的執行時間」
8	Avoid long main-thread tasks	避免長時間佔用主執行緒的任務	TBT	參考第 9 章「減少 JavaScript 程式碼的執行時間」
9	Avoid large layout shifts	避免元素移動大量的距離	CLS	參考第 11 章「累計版位配置位移」

根據表 15-3，改進項目大致上可歸納為三個方向：

1. 減少頁腳（footer）區塊位移。
2. 加快取得資源的速度。
3. 減少瀏覽器主執行緒的負擔、精簡程式碼。

之後便會將這三個方向再切分成多個小任務分批進行，接下來將一一詳細説明。

避免元素移動大量的距離

利用 Lighthouse 與 ChromeDev Tools 的 Timeline 檢測，發現是 footer 在商品資訊和提問內容出現後不斷往下推移，而造成大量的位移（如圖 15-1）。

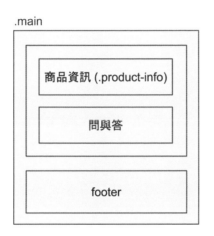

.main

商品資訊 (.product-info)

問與答

footer

▲ 圖 15-1 問與答簡化排版

在 CLS 的定義中，所謂的位移是指元素「不預期」—— 在使用者操作下超過 500 ms 的延遲才出現的移動，因此若要解決「不預期」，嘗試讓它變成「預期」即可。也就是說，若要解決這樣的位移現象，可能的解法有以下幾種：

- 使用佔位（placeholder）元素預留商品資訊和提問內容的空間，等到這些內容可顯示時再取代掉佔位元素，可減少位移的幅度。

- 預先取得可視區域範圍外的資料，因此當使用者往下捲動前就已顯示這些區塊，而不會造成元素在可視區域內位移的問題。

- 使用者在不停往下捲動的同時，看見頁腳區塊是一閃而過的事，隨即又被新出現的內容推移而消失於可視區域之內。因此刪除頁腳可避免此區塊不斷被推移而累積大量的位移。但由於商業考量是無法移除頁腳的，因此不考慮此解法。

解法為將 footer 移到可視範圍之外，並且將商品資訊區塊設定最小高度以減少版位移動的距離，因此使用者在載入這個頁面時，便能看到商品資訊與提問內容是在固定的位置，而 footer 也不會一閃而過地不斷往下推移。

如下範例程式碼所示，由於 main 這個區塊設定高度為整個可視範圍的高度，因此把 footer 移到可視範圍之外；並且預留商品資訊 product-info 所需的最小高度。

```
.main {
  min-height: calc(100vh - 50px);
}
.product-info {
  min-height: 30vh;
}
```

加快使用者能輸入提問問題的時間點

在加快使用者能輸入提問問題的時間點方面，採取的改進策略為：

- 移除用不到的程式碼，在這裡移除多餘引用的函式庫與元件。
- 移除較肥大、改用較輕量的的函式庫。
- 使用 preconnect 預先建立網路連線，以期提早取得第三方資源。
- 使用 preload 以強制要求瀏覽器預先載入關鍵資源。
- 優化體積較大的檔案，例如：在這一頁當中引用的 mobile.js 檔案對其做 code splitting，在此頁只載入需要用到的部份，其餘的移到另一隻檔案以供其他頁面使用。

成效

利用 Lighthouse 檢測行動裝置的效能狀況整理如表 15-4。

表 15-4 改善前後行動裝置的效能狀況

#	改進前	改進後
FCP	1.8 秒	1.7 秒
LCP	5.1 秒	4.2 秒
TTI	6.4 秒	5.7 秒
TBT	980 ms	510 ms
SI	2.4 秒	1.8 秒
CLS	0.384	0

改善後，可看到各指標都有顯著進步外，CLS 更達到 0，幾乎沒有位移的情況。

查看 CrUX 關於此網址（https://m.ruten.com.tw/goods/qa.php?g=21207202115553）改善前後的指標資訊（如表 15-5）。

表 15-5 特定網址改善前後行動裝置的效能狀況

#	改善前	改善後
FCP	0.8 秒	0.7 秒
LCP	1.3 秒	1.1 秒
FID	13 ms	14 ms
CLS	0.36	0

雖然在 CLS 的指標數據上並沒有感受到很大的差異，但可從使用者體驗的分佈來解讀（如表 15-6），在改善前雖然有 62% 的使用者有良好的體驗，而卻有四分之一的使用者經歷差的體驗；改善後（註 2）幾乎所有的使用者皆可在此頁感受到視覺上的穩定與舒適。

表 15-6 特定網址改善前後行動裝置的體驗分佈狀況

分佈	改善前			改善後		
	良好	待改進	差	良好	待改進	差
CLS	62 %	13 %	25 %	96 %	2 %	1 %

查看 CrUX 關於此網域（https://m.ruten.com.tw）改善前後的指標資訊（如表 15-7），整體上來說雖然沒有大幅度的進步，但 CLS 達到 0，幾乎沒有位移的情況。

表 15-7 特定網域改善前後行動裝置的效能狀況

#	改善前	改善後
FCP	0.9 秒	0.9 秒
LCP	1.5 秒	1.5 秒
FID	16 ms	16 ms
CLS	0.06	0

▎總結

　　在這個範例中可看到露天拍賣這樣的大型網站是如何在產品開發流程中，利用網站指標並結合工具來改善效能；另外，將效能調校這樣的維護工作切成許多更小的工作來執行，便能同時兼顧既有功能開發了。

註 1：記錄日期為 2021/08/18。

註 2：記錄日期為 2021/10/6。

NOTE

16
Chapter

未來方向與總結

▌未來方向

網站指標的未來會怎麼發展呢？

第一，由於目前網站指標主要專注於載入效能 —— 載入速度、載入互動性和視覺穩定性與流暢性，而不包含渲染效能（render performance）—— 執行互動性，因此未來必會新增後者這一塊。

第二，在 Google I/O 2021 上，Lighthouse 新增 treemap 功能，能快速便利地了解打包檔案的狀況，例如：個別打包檔案的體積、未使用的程式碼的大小與比率，以便讓開發者改善 JavaScript 程式碼對於效能的影響，除了加強載入速度、載入互動性的檢測外，更呼應了第一點檢測執行互動性的可能性。

在檢測執行互動性的指標出現之前，雖然沒有指標能夠給予目標來做評估和檢測（註 1），但從 RAIL 得知，開發者可利用 Chrome DevTools 來評估渲染效能，例如：關鍵轉譯路徑（critical rendering path）、主執行緒是否過於忙碌而無法即時回應使用者的操作來做優化。

因此，指標是一個給予不同角色（開發者與管理者等）具有「提升使用者體驗」的共同目標而能合作的策略，在沒有指標來指出特定情境下，我們依然能用實際範例、不斷調整與測試來讓網站體驗更好，就讓我們不斷的持續往前邁進吧！

總結

總整理本書內容。

核心指標與優化方針

整理核心指標與優化方針如表 16-1。

表 16-1 核心指標與優化方針

CWV	定義	良好標準	優化方向	解決方法	代理指標
LCP（最大內容繪製）	（1）	小於 2.5 秒	（2）	（3）	FCP 與 TTFB
FID（首次輸入延遲）	（4）	小於 100 ms	（5）	（6）	TBT 與 TTI
CLS（累計版位配置位移）	（7）	小於 0.1	（8）	（9）	無

LCP

（1）載入最大面積元素所花的時間。

（2）禁止轉譯的資源、資源載入或伺服器回應速度過慢。

（3）儘早建立網路連線、提前取得重要資源、CDN、減少禁止轉譯的資源、壓縮資源大小。

> ▶ 切分程式碼（code splitting）。

> ▶ 實作動態載入（dynamic import）/ 延遲載入（lazy loading）。

> ▶ 利用 preconnect 和 dns-prefetch 儘早與第三方網域建立連線。

> ▶ 利用 preload 預先載入重要的資源。

> ▶ 利用 CDN 存放靜態資源。

▸ 優化與壓縮圖檔、響應式圖檔。

▸ 關鍵 CSS 應放置行內。

▸ 延遲載入第三方函式庫。

▸ 移除耗費太多資源的第三方函式庫。

▸ 使用 Brotli 壓縮文字檔。

FID

（4）使用者第一次與網頁互動，直到瀏覽器能對此互動做出回應的時間差。

（5）減少主執行緒任務數量或執行任務的時間。

（6）減少 JavaScript 程式碼的執行時間。

▸ 切分程式碼（code splitting）。

▸ 實作動態載入（dynamic import）/ 延遲載入（lazy loading）。

▸ 使用 web worker 處理與使用者介面無關的複雜運算。

CLS

（7）頁面存活期間，每個可見元素位移分數的總和。

（8）避免動態載入元素而未預留足夠空間，導致版位移動。

（9）減少版位移動。

▸ 明確設定圖檔、動態載入廣告、影片的尺寸。

▸ 實作 Skeleton Placeholder 預留足夠空間。

▸ 預先載入重要的資源或內容。

▸ 避免 FOIT/FOUT，預先載入字型檔，先使用系統預設的字體顯示文字內容，待客製化字體載入完成後再作切換，或快取以待下次使用。

結合工具與工作流程

在產品生命週期上，建議結合工具與工作流程如圖 4-13。

步驟 1： 利用 Search Console 的 CWV 報告蒐集與確認需要關注的議題。

步驟 2： 利用 PSI 診斷該網頁實地與模擬的狀況，並將其提供的建議當成優化的方向。

步驟 3： 進入開發或除錯階段，使用模擬工具 Lighthouse 與 Chrome DevTools 模擬特定的環境來實作與驗證是否達到改善的目的，這個階段通常需來回重覆多次。

步驟 4： 利用 web.dev 取得更多參考資料或範例。

步驟 5： 利用 Lighthouse CI 在每個 PR（pull request）檢查指標的資訊，讓產品在部署到正式環境前，做好效能測試。

步驟 6： 利用 CrUX 或其他 RUM 系統驗證在真實環境中問題是否解決，並觀察使用者實際操作的狀況而發掘是否有潛在的效能問題，以及了解網站長期走向與趨勢。

- -

註 1： CLS 測量在頁面存活期間，每個可見元素位移分數的總和，因此使用 Web Vitals Chrome Extension 是能夠檢測在執行互動上的視覺穩定性的效能。

NOTE

A
Appendix

中英文名詞索引

A

C

F

I

L

P

PageSpeed Insights 或 PSI，第 4 章

Perfume.js，第 4 章

Q

quiet window（靜窗），第 3 章、第 7 章

R

RAIL，第 2 章

runtime responsiveness（執行互動性），第 3 章

render-blocking（禁止轉譯），第 6 章

Real User Monitoring 或 RUM（真實用戶監控系統），第 4 章

S

Search Console，第 4 章

search engine optimization 或 SEO（搜尋引擎優化），第 12 章

Speed Index 或 SI（速度指數），第 3 章、第 10 章

Synthetic Monitoring 或 STM（合成監控系統），第 4 章

T

Time to First Byte 或 TTFB（首位元組時間），第 3 章、第 5 章

Time to Interactive 或 TTI（互動準備時間），第 3 章、第 7 章

Total Blocking Time 或 TBT（總阻塞時間），第 3 章、第 8 章

V

W

NOTE

NOTE

民眾日報從1950年代開始發行紙本報，隨科技的進步，逐漸轉型為網路媒體。2020年更自行研發「眾聲大數據」人工智慧系統，為廣大投資人提供有別於傳統財經新聞的聲量資訊。為提供讀者更友善的使用流覽體驗，2021年9月全新官網上線，也將導入更多具互動性的資訊內容。

為服務廣大的讀者，新聞同步聯播於YAHOO新聞網、LINE TODAY、PCHOME 新聞網、HINET新聞網、品觀點等平台。

民眾網關注台灣民眾關心的大小事，從民眾的角度出發，報導民眾關心的事。反映國政輿情，聚焦財經熱點，堅持與網路上的鄉民，與馬路上的市民站在一起。

歡迎訪問民眾網：https://www.mypeoplevol.co